山と獣と肉と皮

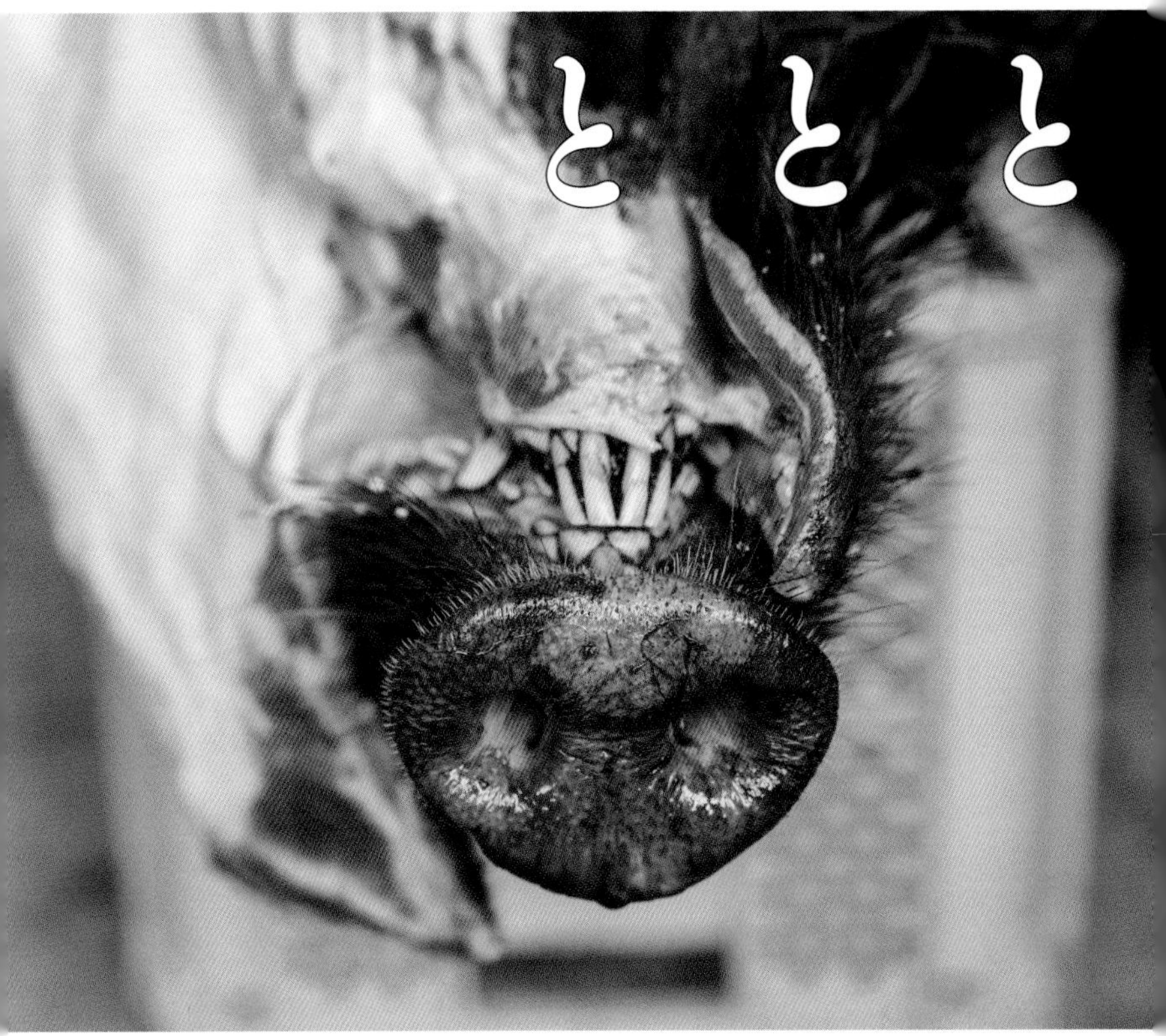

繁延あづさ

Azusa Shigenobu

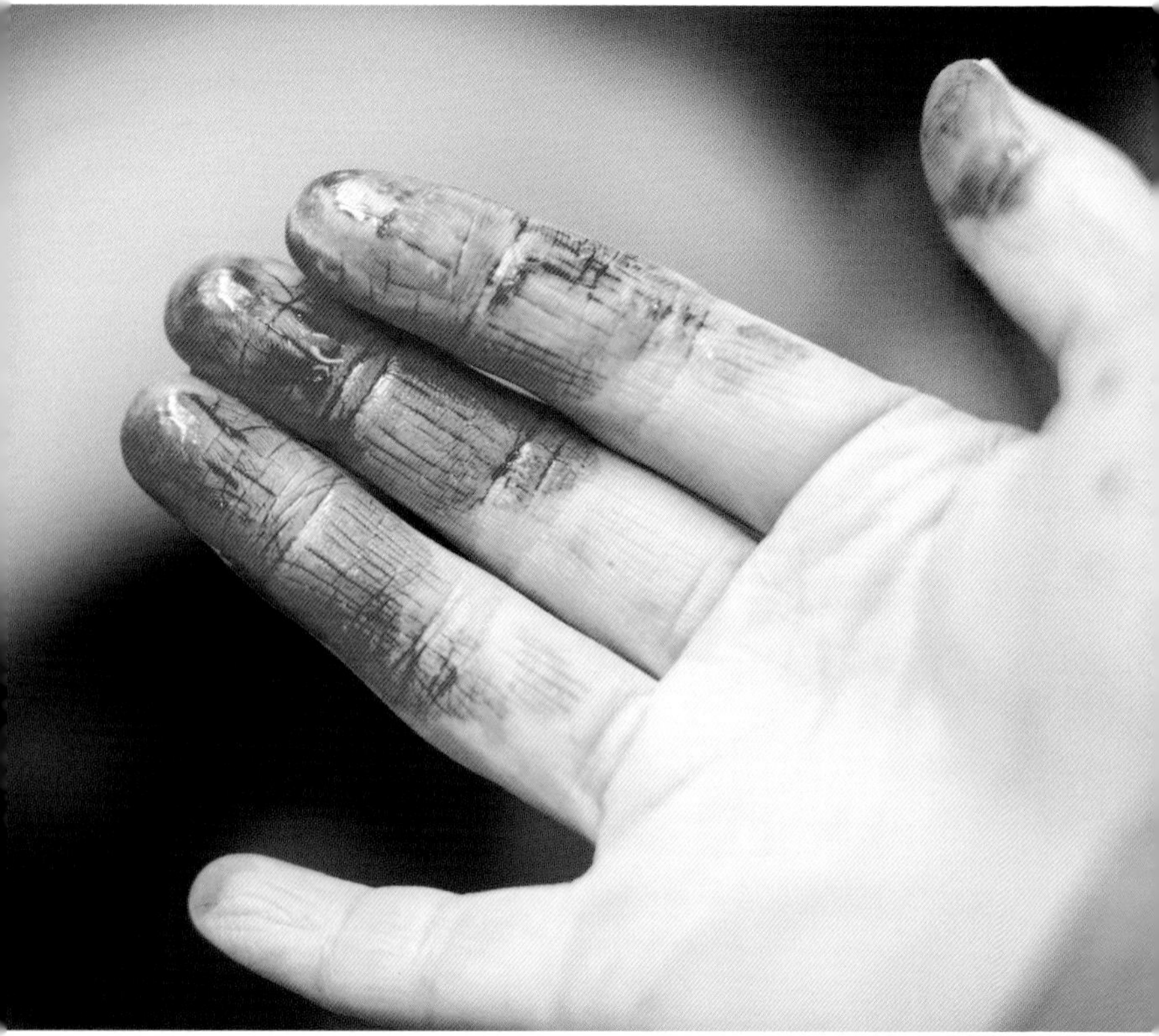

はじめに

猟師と山に入っていちばんの衝撃は、〝殺す〟という行為を見たことだった。

尖った槍《やり》のひと突きで猪の心臓を刺す行為、鉄パイプを思いきり振って猪の眉間を叩く姿、驚く速さで銃の安全装置を外し引き金を引いたときの爆音。すべて獣が苦しまないよう考慮された手段ではあるけれど、当然ながら圧倒的な暴力だった。

生き物を殺して食べるというのは、暴力がともなうのだということが、私の胸に深く刻まれた。そうした暴力を、怖いと思わなかったと言えば嘘になる。たとえ自分に向けられたものでなくとも、強い力は怖かった。

人間の住む世界で〝悪いこと〟とされていることが、山では当たり前の風景としてあった。〝暴力〟と〝殺す〟こと。

でもそれは、決して人間だけのおこないではなく、ほかの野生動物たちもそうして生きている。だから、山で見る人間のそうした行為は、間違っているとも思わない、という妙な感覚があった。ずっと人間の世界で暮らしていたから（当然だけど）、その外に出るとずいぶんと常識がちがうんだなと思った。

山に入ると、かつて読んだ本や以前聞いた話などをよく思い出す。人間の住む下界に比べると、山の中は時代による変化がゆるやかだからだろう。昔話や神話に書かれた世界が、樹々の葉音や土の匂い、目の前に横たわる獣たちの死などが引き金となって、鮮明に脳裏に浮かび上がってくる。そのたびに私は、ファンタジーの中に潜むリアルに、ひとり静かな高揚を覚える。千年を超える時をさかのぼっても、山の中にいると、同じ人間のあらわす言葉だと強く感じられた。

山は、今この瞬間も多くの生き物たちが生き死にしている、命の巡る場所。一方で私が暮らす社会は人がつくったものであふれ、それがどんどんゴミとして袋詰めされて運ばれていく世界。命のつながりなんて忘れてしまうほど、命のないものにあふれている。

そうした目に飛び込んでくる風景のギャップは大きく、狩猟同行で分け入っていく長崎や佐賀の山々が、私には新世界のようにまぶしく、新鮮だった。

山で猟師を追いかける私、家で母親である私、写真の仕事をする私は、ひとりの人間。山で子どもの言葉を反芻《はんすう》し、台所で肉を捌《さば》きながら殺された獣を思い出し、仕事で料理撮影をしながら、次はどんなシシ肉料理を子どもにつくろうかと考えている。

いつしか「今の感覚を、写真のように切り取っておけないだろうか」と思うようになった。自分自身が変化しはじめているのを感じ、この新鮮な感覚のまま文章に残しておきたいという欲求が湧いた。写真を撮る動機とまったく同じだ。グッと近づいてピントを合わせるように、ぼやけて曖昧なところは曖昧なまま、写真のように、いま感じていることを残しておきたい。プロットもなく書き進めたから、不安定感や不完全さは否《いな》めない。ただ、現代を生きるごくふつうの人間が興味を惹かれ、体が動き、いろいろなことを思考しはじめた痕跡は残っていると思う。

願わくば、同時代を生きる人に、いっしょに体験するように読んでもらえたらうれしい。食べ物の由来を知ることは、決して悲しいことではないと思うから。

目次

第1章

おじさんと罠猟……29

第4章 皮と革をめぐる旅

序章

獣の解体と共食

死を目撃すること

猪が死んでいくのをはじめて見たのは、2016年の冬だった。

朝5時半、枕元のケータイが鳴った。出ると、

「イノシシかかっとっぞー。箱に入っとるけん、くるか?」

という威勢のいい声。

私は寝惚《ぼ》けつつも、「行きます!」と即答していた。電話を切ったら急に目が覚めた。布団から静かに這《は》い出し、寒さに震えながら家族が寝静まる部屋をそっと出る。あわてて身支度して、カメラチェック。フル充電しているバッテリーを探る。大丈夫、いける。まだ2歳の末っ子が気がかりだったが、布団に包まって眠る夫に〝ごめん、まかせる!〟と託し、家を飛び出した。

細い坂道を駆け下りると、おじさんが軽トラのエンジンをかけて待っていた。おじさんは猟師。私が助手席に飛び乗ると、ルパン三世のフィアットみたいに躍動的に走り出した。

何年も前から鹿や猪の肉をもらっていた私は、いつしかおじさんの狩猟に同行してみたいと

思うようになっていた。けれど、連れていってくれるよう頼んだ矢先、おじさんが猪の牙《きば》でやられて大怪我。私を同行させることに慎重になってしまった。

そんなある日、たまたま箱罠《はこわな》に猪が入ったと連絡があり、ようやく誘ってくれたのだ。〈箱罠〉とは、野生動物を捕獲するための箱状の罠のことだ。檻《おり》の中に完全に捕獲されるので危険が少ない。いま思えば、はじめての同行が箱罠だったからこそ、私は一瞬一瞬を丹念に見ることができた。

出発時は真っ暗だったが、移動中に夜が明け、到着したころには朝日がのぼりはじめていた。当時おじさんは、まだ銃〈ライフル〉を使っていなかった。軽トラから下ろしたのは自作の槍。なんとも原始的だ。仲間と合流すると、おじさんは「例の写真屋さん」と、私を紹介した。なんとなく、彼氏から「これ、カノジョ」と友だちに紹介されるのにも似た恥ずかしさ。とりあえず、どうも、と会釈する。

おじさんふたりが会話しながら現場に向かうようすは、まるで山菜採りにでも行くようなほのぼのとしたもので、私も登山と変わらない気分で後をついていった。朝日が真横から差して、すがすがしい朝の山だった。すると、

「ブホッ、ブホッ！　ガシャン！」

と、荒々しい音がした。声というより、孔《あな》から吐き出されるような息の音。一瞬怯《ひる》みつつ、

恐るおそる進んでいくと、山道から少し入った場所で大きな箱が暴れていた。いや、暴れているのは猪なのだけれど、猪とともに飛び上がるさまがそう思わせた。ガシャンガシャンと響く金属音。その激しさはまさに死に物狂い。

　ふだんは〈括《くく》り罠〉で猟をするおじさん。括り罠は土に埋め込むなどする罠で、そこに獣が脚を踏み入れると環状になったワイヤーが締まる仕掛けだ。かかると脚がつながれた状態になるが、箱罠とちがって猪の体は外に剝《む》き出しのまま。おじさんはいつも、そうして罠にかかった猪の眉間を鉄パイプで叩き、気絶させた状態で頸動脈を切るらしい。

　けれどこの日は箱罠だ。鉄パイプで叩こうにも、箱の柵が邪魔でできない。おじさんは槍を構えた。猪は目を剝いて怒《いか》り、馬がいななくよ

うに、ヒュギュー、ヒュギュー！　と猛々《たけだけ》しい声をあげていた。とてつもなく生きている、と思った。

一秒たりとも動きを止めない猪を見つめながら、おじさんが言う。

「狙いが定まらんけん、縦にせろ」

箱を縦にして、動ける範囲を狭めて追いつめる策だ。ふたりがかりで箱罠を縦にすると、猪は後がないことを悟ったか、さらに激しくいないた。目が怒りに燃えるマンガ表現があるが、実際に目から怒りがあらわれている気がした。〝あきらめ〟というものが微塵《みじん》も感じられない、迫りくるような生気に圧倒された。と同時に、胸がざわめいた。これほどまでに生きようとしている猪を、これから殺すのだ。〝死など絶対に受け入れない〟とばかりに、目を剝き、いななき、怒るこの猪を。動揺した。

そんな私をよそに、おじさんは静かに狙いを定め、前脚の付け根のあたりを思い切り突いた。その途端、猪の動きが止まった。声も消えた。ぐらりと傾き、そのままドサリと転倒。まるで魂が抜け出ていくような光景だった。ほんの一瞬の出来事だったが、私にはスローモーションのようにハッキリと見えた。そして、つい先ほどまで〝とてつもなく生きている〟と感じた猪が、ごろりと横たわっていた。私は一歩近づいて見下ろした。

猟の話は今までおじさんから何度も聞いていた。しかし、こんなにあっけなく死んでしまうとは。倒れた猪を凝視している私を見て、おじさんが言った。

「心臓に刺さったな」

それで即死したということらしい。それでも、猛々しく生きている姿が残像のように瞼《まぶた》に残り、ろうそくの火を吹き消すように命がフッと消えたことが、にわかには信じられなかった。生と死のコントラストが強すぎて、その変化が急激すぎて、頭が追いつけないでいた。

おじさんたちが箱から猪を引き出す。仰向けにすると、毛の薄い、柔らかそうな腹が露《あら》わになった。生きているときには決して見せない姿。これは〝モノ〟であって〝生き物〟ではないのだと思った。死が、屍体という物体によって示され、はじめて呑み込めたような。残像がチラつくのは、忘れないでおきたいからかもしれない。残像は過去、写真のようなもの。

いつも食べている肉の、その前を知りたかった。そんな漠然とした気持ちだった。でも、よく考えれば、いやよく考えずとも、そこには、ただ〝死んでいく〟姿があるのではなく、〝殺される〟猪と〝殺す〟人間の行為があるわけだ。そうした肉でなければ、私たちは食べられないのだから。

私たちの先祖が死肉を漁《あさ》っていたのは遙か昔、初期人類の時代までだ。さらに肉を求めヒトになっていったことを考えると、ヒトにとって〝殺す〟と〝食べる〟は分かつことのできないひと続きの行為にほかならない。そんな当然に今ごろ気づく。

接続した瞬間

おじさんたちは手早く猪の屍体を箱から出し、道路へと引っ張っていった。道路の端に猪を置き、ナイフで耳の後ろを刺して開くと、鮮やかな牡丹色の肉と白い脂が見えた。見覚えのある、いわゆる〝肉〟だった。それを見た途端、おいしそうだと思った。

「ここでまっとってえ」

おじさんの軽トラを待つあいだ、私は死んだ猪とふたりきりで置き去りにされた。木の葉が落ちても瞬きひとつしないガラス玉のような瞳を眺めながら、私はぼんやり考えていた。猪が最後に見た景色はどんなだっただろう。

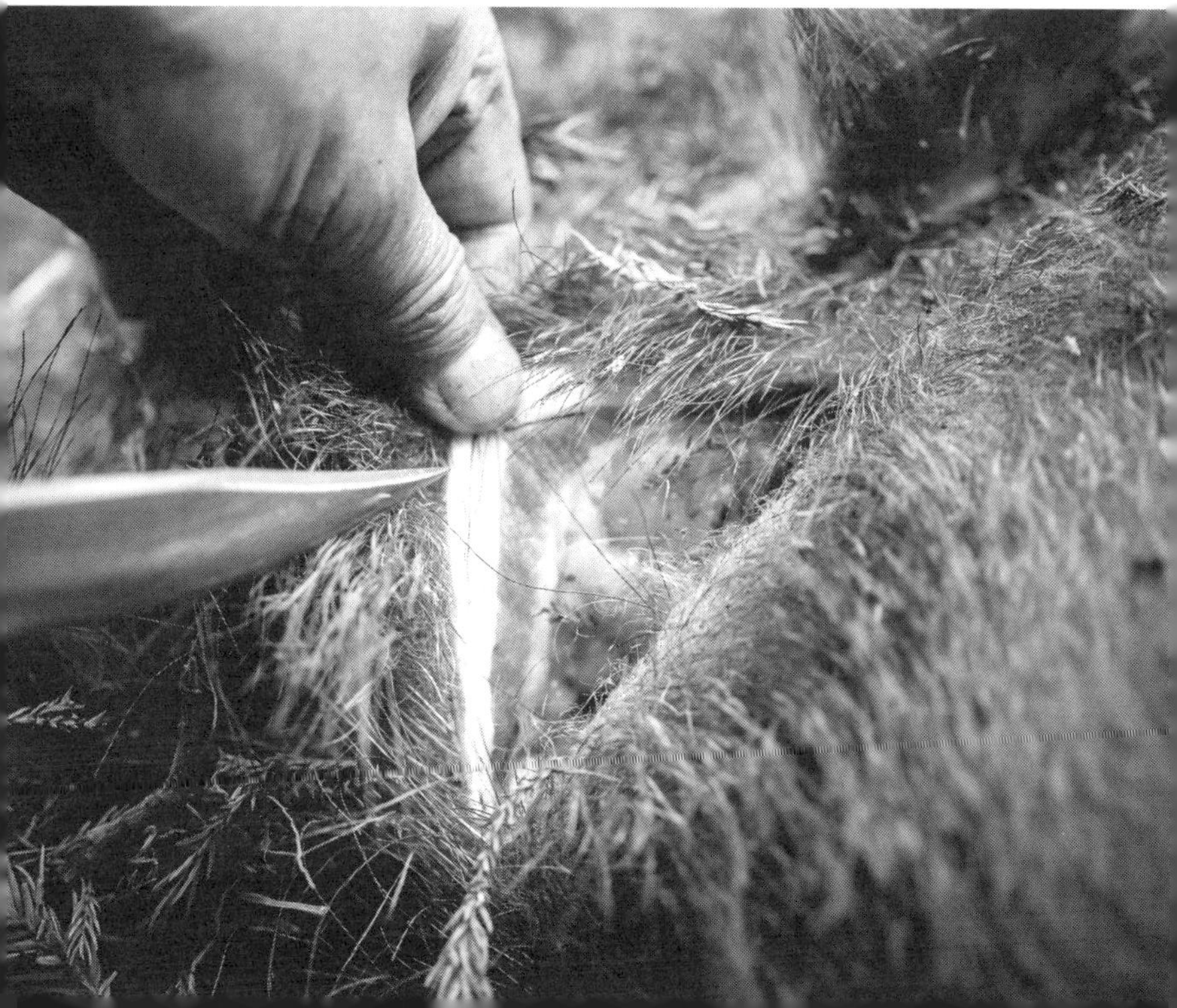

おじさんが槍を突き出そうとしたとき、胸がぎゅっと苦しくなる感じがあった。おそらく私は、必死に抵抗する猪を憐《あわ》れんだのだ。突き刺される瞬間、私まで息苦しかった。それなのに、チラッと肉が見えただけで、〝おいしそう〟という喜びに近い感情が湧き上がった。なんだか自分が矛盾しているような気がした。

猪は軽トラの荷台に乗せられ、近くの沢まで運ばれた。絶命から約15分。おじさんは慣れた手つきで頭を切り落とし、近くの木に猪の体を逆さ吊りにした。頭のない首から血が滴り落ちる。間近で見ていると麻痺してわからないが、少し離れて見ると、山の中という背景も相まって、日々の暮らしとはかけ離れた風景だと気づく。

もし私の日常でこれに似た風景を目にすることがあるとしたら、それは現実世界ではなく、映画の中などの残酷な場面だろう。けれど、そうした映像とこの目の前の風景は、ビジュアル的に似ている以外、何ひとつ同じところはない気がした。人に見せるためにつくられた風景と、人の営みの中で生まれる風景とでは、受け取るものがちがう。自宅から20分の場所にこんな風景があることをはじめて知った。

おじさんは、バーナーで首からお腹にかけて炙《あぶ》りはじめた。こんがり毛の焼ける匂いに、食欲が刺激される。いい香りだった。なぜ炙るのか尋ねると、

「ダニがこっち（自分）に付かんよう、切り開くところの毛を焼くっと。宿主《やどぬし》が死んだら、次

の宿主を探すやろ」

なるほど。猪が息絶えて、用がなくなったダニは去るとき。食べ物として肉を切り出すおじさんにとっては、今からが用アリだ。マダニによる感染症もあるから、用心が必要なのだろう。

さて、この体をどこから切り開いていくのだろう。童話「赤ずきん」で猟師が狼のお腹からお婆さんと赤ずきんを助け出すシーン、「狼と七匹の子ヤギ」で、狼のお腹を裂いて子ヤギを助け出し石を詰めるシーン。メルヘンチックなオブラートに包まれていた場面が、いままさに皮を剝《は》がされ、リアルな世界に立ちあらわれてくるような気がした。

おじさんが猪の股にナイフを入れた。すると、皮膚の表面とはあきらかにちがう真っ白なものが見えてきた。スーッとナイフが通ったところ

から白い道が拓《ひら》かれていくようだった。いきなり血が噴き出すものと思っていたので、その純白の中身に驚いた。そのうちに、白く見えているのは何層にもなった膜だとわかった。

　背中は、たっぷりついた脂をなるべく削いでしまわないよう、皮ギリギリのところをナイフが進む。野菜の表皮を剝く作業とはちがい、一度も切り離すことなく皮全体をいっぺんに剝いでいく。まるで毛皮のコートを脱がしていくかのように。

　おじさんはいつも肉だけを持ち帰り、毛皮は山に埋めてくる。だから本当は、一枚皮で切り出す必要はない。おそらく、師匠だった猟師から解体を教わるときに、毛皮から革にして使うための技術ごと受けとり、それを踏襲しているのだろう。その技術を必要とした、先人たちの影を見た気がした。

　毛皮を剝ぎ終わると、いよいよ内部。おじさんは先ほどより深く股を刺し、左手を突っ込んだ。慎重に降ろされていくナイフの後ろから見えてきたのは、内臓だった。臓器を傷つけないよう、左手で腹の内側を引っ張りながら切り開く。あれは大腸、これは小腸か。ピカピカして、見たこともない素材でできた製品のような臓器たち。こんなにも完成されたものがお腹の中に収まっているとは。自分の体にも同じものがあるという感覚からか、人体模型を見るよりも、人間に近いものを見ている気がした。

臓物のぬくもり

ナイフが進むと、肋骨《ろっこつ》内に見事なポジションで収まっていたものたちが、ズルズルッと崩れるように落ちてきた。内臓から立ち上る湯気と、かすかに漂いはじめた体液の匂いを感じながら、それぞれの臓器を確認する。肝臓、胃袋、胆嚢《たんのう》、肺。心臓はパックリ割れ、その周りは血まみれだった。こんなふうに突かれたからバタリと倒れたのだ。深く納得した。

「まだあったたかいけん、触ってみい」

おじさんに言われて、手を伸ばす。血のぬるりとした感触とともに、ぬくもりを感じた。寒さで手がかじかんでいたので、あたたかさが沁《し》み入るようだ。死んだばかりで温もりが残っているのは当然だし、腑《はらわた》というのもあるだろうが、生きている私より屍体のほうがあたたかく感じられることが印象的だった。

外側の毛は流れるような太い直毛だが、皮膚に近い内側はうねりのある細めの冬毛。こうした毛皮や分厚い脂が大きな意味を為していると思うと、自分の薄っぺらい皮膚が貧弱に感じられる。もちろん、だからこそ、私はいま羽毛の入ったダウンを着ているのだ。けれど、最初か

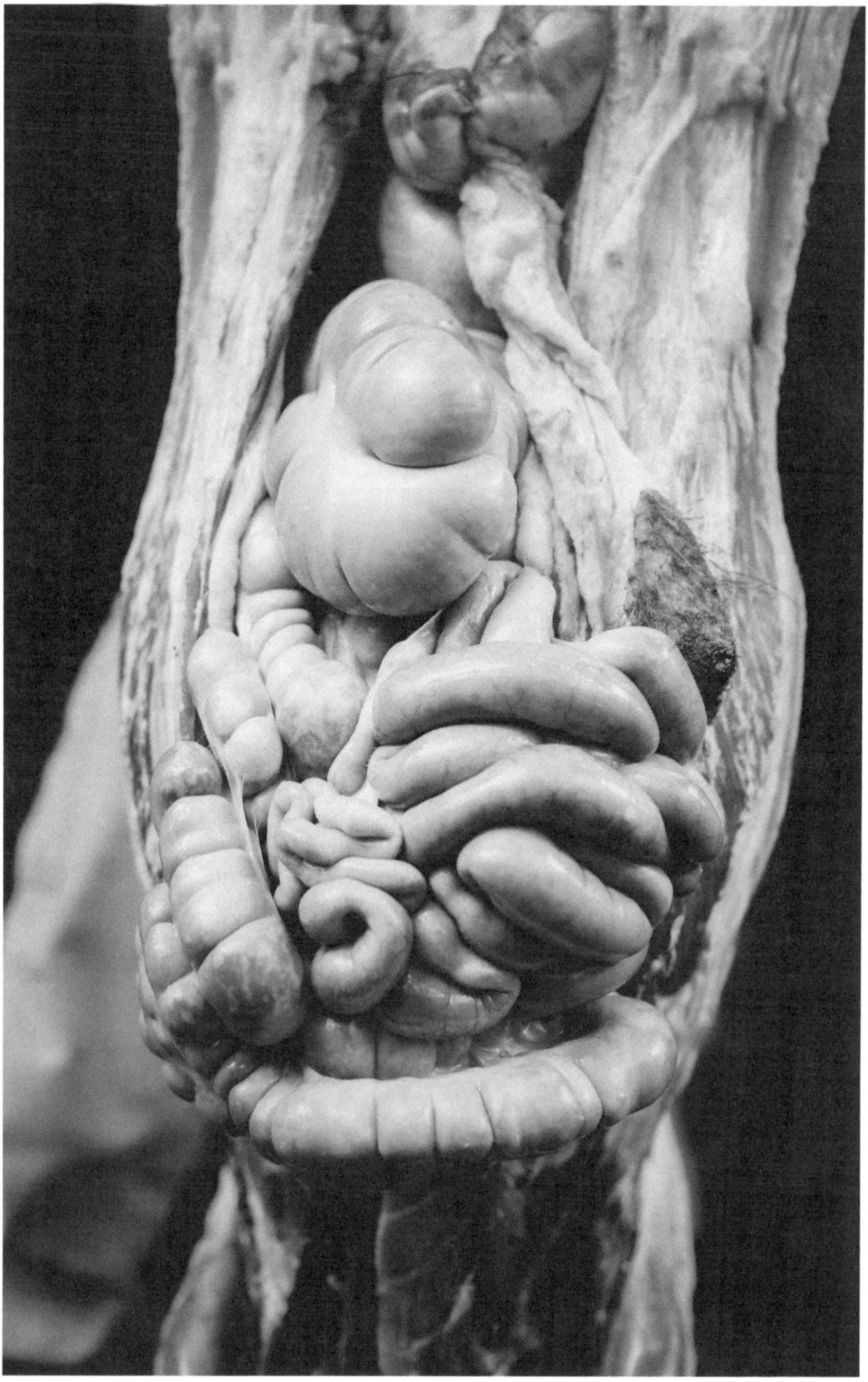

ら断熱機能が体に備わっているのとは決定的にちがう。

猪の腑《はらわた》を眺めながら生き物としての同類感を得た一方で、毛皮について考えると人間と獣のちがいがありありと感じられた。それは、私たちヒトの祖先もかつては獣だったことを想起させる。進化の歴史を知ってはいても、〝獣〟と〝現代人〟がつながっている感覚は新鮮だった。槍という原始的な道具を使うおじさんが、おかしな演出効果を醸し出していたせいもあるかもしれない。

じつは、私たち人間にも、体に鳥のわた毛のような毛が生える時期がある。

それは生まれてくる前、母親のお腹の中にいる胎児期だ。人間は胎内での10カ月のあいだに、生命が人類に至るまでの進化の過程をたどる。魚のように大きく裂けた口はすぼまり、左右に離れていた目が近づき、ヒレのような手足には切れ目が入り、尻尾は短くなって消えていく。鳥のわた毛のような毛が生えるのは、生まれてくる数カ月前。出産前に毛は抜け落ち、つるんとした皮膚の赤ちゃんになる。

出産撮影をライフワークとする私にとって、少し早めに生まれた赤ちゃんの背や腕に毛が生えているのを目にすることは珍しくない。けれど、それについて深く考えたことはなかった。

内臓がすべて抜け落ちたあとには、肋骨に覆われた大きな空洞ができた。ちょうど、子どもひとり入れそうな大きさで、「赤ずきん」で語られた狼のお腹はこれだったのか！ と膝《ひざ》を打ちたくなった。もちろん、五臓六腑なくしては生きられない。そこはやはり寓話《ぐうわ》なのだが、お腹の中の空洞はそうした発想につながっているように思えた。

早朝おじさんの電話で飛び起きてからというもの、おじさんと猪の姿をカメラで追いながら、ずっと目の前の光景に見入っていた。はじめて視界に飛び込んでくる風景や展開に驚き、興奮しきりだった。

それが、ある瞬間から、急に見覚えのある景色に変わった。おじさんが、脚、ロースと切り分けはじめたときだ。いつももらうシシ肉だと気づいた。バカバカしいほど当然のこと。生きた猪と、いつも食べている肉が接続された瞬間だった。

あるとき、3歳の娘が夕飯の唐揚げをつまみながら言った。

「お肉は何でできてるの?」

この問いは、長男が小さいころにも、次男が小さいころにも発せられた。子育てするなかで、くり返し聞いてきた言葉だ。「牛乳はウシさんのおっぱいでできてるんだよ」「塩は海の水からできるんだよ」という親子の会話の延長上で出てくるこの問い。もちろんそのつど、動物のカラダでできているのだと答えてきた。

ただそれ以上説明することには躊躇《ちゅうちょ》した。残酷だから、ではない。よく知らないことを知ったふりをして言うようで、気が引けてしまうのだ。そして、どちらかといえば、むしろ私は「お肉は何でできているの？」と問う子どもたち側の気持ちに共感していた。もしかしたら、私も小さいころ、同じような問いを持ったのかもしれない。そして、その問いの答えを、知ることができぬまま過ごしてきたのかもしれない。

シシ肉を共食する喜び

帰宅すると、すぐさま2階の仕事部屋に駆け上がり、写真データをノートパソコンに移した。すぐに家族に見せたかったのだ。私にとって、猪肉を食べてきた仲間は家族だけ。日々共食してきた家族と、この日の体験を共有したかった。

ノートパソコンを持って居間に降りていくと、家族全員がこたつに入ってダラダラ過ごしていた。しかし、ディスプレイを見せると一変。いつもは私の撮る写真にまったく興味を示さない家族が、食い入るように見はじめた。私の興奮冷めやらぬ解説も、みんな興味深そうに聞いてくれた。正直、かなり強烈な写真も多々あった。けれど、夫も子どもたちも、ただただ見入っていた。いつもの無関心を思うと、ちょっと悔しくもあったが、やはりうれしかった。そして、〝これで、今日の肉をみんなで食べられる〟と思った。

どう料理するか、夫と話をした。このころはまだ下処理を夫がやってくれており、この話し合いは私にとって重要だった。妙に意気込んでいた。猟から帰ってくるときも、〝絶対おいしく食べてやる〟という言葉を頭の中でくり返していた。そのことは、軽トラの窓から眺めた風景とともにハッキリ覚えている。

今回持ち帰ったのは、心臓、ヒレ、ロース、後脚2本、首。一家5人でも、2週間以上かけて食べるほどの量がある。今までシシ肉を料理して食べてきた経験を思い出しながら、どの順番に、どの部分をどう料理するかを慎重に話し合った。

結果その晩は、心臓は焼肉に、ロースは焼肉とぽん酢味のしゃぶしゃぶにした。大きくはあったけれど、まだ若いオスだからクセなく食べられると判断。脂もほどよく乗っていたので、肉も脂も味わえるシンプルな料理を選んだ。ポン酢は家にあった柑橘《かんきつ》を使って自作。長崎はそこここにみかん畑があり、柑橘類は豊富で安い。レモンやゆずのほかに、少し甘みのある果実などを組み合わせて味の加減もできる。心臓は、生姜《しょうが》醤油に漬け込んでおいた。肉をおいしく味わうために、キャベツなどの生野菜も欠かせない。

食卓には、今までにない量のシシ肉料理が並んだ。

先に箸《はし》を伸ばした子どもたちが「おいしい！」と言ってくれた。私もしゃぶしゃぶを食べる。おいしい！　脂身はポン酢と組み合わせると旨味が増して、いくらでも食べられそうだった。焼肉は赤身部分の味が濃く感じた。夫と私はビールがすすんだ。ビールを飲んでから肉を口に入れると、苦味の残る中に肉の旨味が広がる。本当に絶品だった。実際に、この日は今までいちばんたくさん食べた。

おいしく食べられたことがうれしく、とても満足だった。夫や子どもたちも写真で見た〝あの猪〟と認識して食べたと思う。同じ体験をしたわけではないけれど、分かち合える感覚があって、それもすごくうれしかった。

第1章

おじさんと罠猟

あたらしい生活、あたらしい肉

私の仕事は写真。雑誌や広告などの撮影のほかに、出産撮影を中心とした家族写真や葬送写真など、個人依頼の撮影もする。マスコミで撮りつつ、ミニコミでも撮るという両輪走行スタイルだ。そのほか仕事と関係なく、撮りたいものを気の赴《おもむ》くままに撮る。ふらっと近所の保育園に撮りにいくこともあれば、季節ごとの畑や農風景なども撮るという雑多ぶり。

そうしたなか近年頻繁に出かけているのが狩猟撮影だ。こう書くと、狩猟に興味があったから撮りはじめたのかと思われそうだが、そうではない。むしろ、まったく興味はなかった。きっかけは、長崎への引っ越しとともに出会った〝おじさん〟と〝肉〟だった。

私たち一家は、２０１１年に東京から長崎に越してきた。長男は保育園の年長、次男は年少で、末っ子の娘はまだ生まれていなかった。長崎には縁もゆかりもなかったが、見たこともない独特な風景に惹かれ、〝ここで暮らそうかな〟という気持ちになった。

本当に不思議な風景なのだ。見慣れた今でもそう思う。山でも谷でもおかまいなしに、地形の凸凹に合わせて這うように家々が並んでいる。とくに、山の北斜面まで住宅地になっているのには驚かされた。日当たりは気にならないのだろうか。すべて個人宅やらマンションの集まりにすぎないのだけれど、風景全体を見ると複雑な巨大建築のようにも思えてくる。

　おそらく、長崎の港に外国船が就航するようになった当時から高度経済成長期まで、長崎の港には〝技術〟〝文化〟〝モノ〟〝カネ〟が絶えず集まってきたのだろう。そこに人々が群がるようにやってきた。きっと多くの住処《すみか》が必要になったはずだ。平地がいっぱいになったら山裾《すそ》に、山裾がいっぱいになったらさらに上に、と山を侵食するように家々が建ち並んでいったことは想像に難くない。

　興味深いのは、斜面地の住宅群の中に突如あらわれる墓地だ。都会のように高い壁で仕切られることもなく、家々にぴったり隣接している。

「アルプス一万尺」の〝小槍〟のような場所まで墓地になっており、その印象的な景色は古代遺跡マチュピチュを思わせる。なぜこんな風景が生まれたのか。

もしかしたら、山裾の集落形成に付随して、中腹に墓地がしつらえられたのかもしれない。生者の現世《うつしよ》と死者の幽世《かくりよ》を離すように設置するのは一般的な感覚だ。もともとは、幽界（墓地）が下界（住宅群）を見下ろすようなカタチになっていたと考えてはどうだろう。

それが、住処を求める波が下から押し寄せ位相が変わった。幽界側だったはずの墓地の周囲や、それより高い場所にまで家が建てられるようになり、結果的に墓地は住宅に取り囲まれてしまったのではないだろうか。生者と死者が仲良く隣人関係を結んでいるさまを思い浮かべ、なんだかひとりで笑ってしまう。

いずれにしても、都市計画も設計図もなく、人々が思い思いに行動した結果でしかないような、無秩序の中に秩序めいたものが仄《ほの》見える奇妙な風景に、私の好奇心はおおいにくすぐられた。

さらに斜面地を歩き回ってみると、どこか昔にタイムスリップしたかのような錯覚を覚えた。ピカピカな新築の家もあるが、汲《く》み取り式トイレの古い家も残っている。60〜70年代に人々がマイホームを求め建てたらしき家も多く、どこか見覚えのある町並みだった。幼いころのアルバムを開いたときのように、私にとって長崎の風景は、新鮮で、それでいて懐かしかった。

当時、どこかへ引っ越したいねと話していたものの、行き先は決めていなかった。旅行で訪ねた場所を候補地に挙げ、私が「長崎にしようか」と提案した。夫は「いいよ、まかせるよ」と言ってくれた。私を信頼してのことではない。ただ決めかねてしまうのだろう。重大な決断をする際は、たいてい私に委ねられる。

そもそも、なぜ引っ越すことにしたのか。長崎に来てから数え切れないほど聞かれた。素直に答えたいと思うのだけれど、じつのところ自分たちにもよくわからないところがあり、説明しにくい。彼が仕事を辞めたいと思っていたことも理由だろうし、アトピーの次男のために環境を変えたいというのも理由だったにちがいない。けれど、どれも決定打ではなかった。

「よし！ 引っ越そう！」と決断させたのは、そんなタイミングに起きた東日本大震災だった。引っ越して何をするとか、どうやって生きていくとか、具体的な考えはまったくなかった。ただ、当時さまざまな情報が洪水のように押し寄せてくるなかで、漠然と〝流れを変えたい〟という気持ちが湧いて、それが動機になったように思う。これまでの暮らしをやめることが、これまでの流れを変えることのように思えたのかもしれない。

旅先を選ぶように決めてしまった移住だったが、1カ月半後には長崎に引っ越していた。夫も仕事を辞め、私も仕事のアテすらないという無謀さだったが、幼いふたりの息子たちの存在が、〝なんとかするしかない〟という気持ちにさせてくれた。

親族も知人も誰ひとりいないこの地で、生きていかねばならない。家も、仕事も、子育て環境も、すべて一から。ただし、お互いの親や親族との関係だけは何も変わらず、そのことに気づけたのは大きかった。この時期はとくに、これまでの自分たちをよく知る親族や、新しく出会う人の存在がありがたかった。寄る辺のない心を支え、前向きにさせてくれた。

おじさんとの出会いも、そうした新生活がはじまって間もないころのことだった。坂の街・長崎を舞台にした映画にでも出てきそうな、ちょっと胸キュンなものだった。

金のネックレスにサングラス

私たち一家が越してきたのは、長崎市西山地区にある築65年の古い家。長崎駅から車で10分と市街地に近いが、やはり斜面地で、小さな畑が点在するようなのどかな地域だ。細い階段や坂道が迷路のように張り巡らされており、近所を散策すると、登っているつもりがいつの間にか下っているという具合で、まるでエッシャーの騙し絵のよう。私自身が長崎の不思議な風景の一部になったことを実感した。

車庫付きの家が少ないのは、マイカー時代を迎える以前に建った家が多いせいだ。無数の細道に対して、まばらにしかない車道。その両脇には、のちに付け足されたような集合駐車場がちらほら。人々はそこから坂道をたどって家路につく。

当然、同じ駐車場や坂道を使う人との遭遇率は高い。しかも、人ひとりがようやく通れるほどの細道ばかり。すれちがうときは譲り合うため、おのずと挨拶を交わすことになる。夫と「人と人が関わるように設計された土地みたいだね」と話したりもした。見ず知らずの土地に引っ越してきたわが家がすんなり馴染んでいけたのも、こうした土地柄に理由の一端があったように思う。

そんな新生活のなかで、私には気になっている人がいた。いつも赤やオレンジなどのカラフルなシャツを着て、ギラギラした金無垢《むく》ネックレスや指輪をつけ、サングラスをかけた一見ヤクザ風のおじさん。乗っている車はトヨタ・セルシオ。しかも、青空駐車場なのにおじさんのところだけ自作と思しき幌《ほろ》が張られ、車庫の内部にはさまざまな道具が詰め込まれていて秘密基地のようだった。

そこで溶接作業をしたりナイフを研いだりする姿を見かけては、〝このおじさん、何者なんだろう？〟と訝《いぶか》しんでいた。「おはようございます」「こんにちは」に続けて何か言葉をかけたいと思っていたけれど、凄みのある雰囲気に気圧《けお》されてなかなか勇気が出ない。

そんなある日、どピンクのシャツを着ているおじさんを車庫で見かけた。二度見するほどの強烈さで、気持ちに弾みがついたのか、気づいたら声をかけていた。

「こんにちは。おじさん今日もオシャレですね！」

ワイヤーを磨いていたおじさんは驚いたように顔をあげ、照れ臭そうに笑った。笑顔はすごく優しそうだった。ふっと緊張がほぐれた瞬間、おじさんが言った。「息子の嫁さんがくれっとよ。おい猟師やけんね」。長崎弁初心者の私は一瞬「?」となったが、じわじわ意味がわかってきた。なるほど、猟師だから山中で目立つ派手な色の服を着ているのか。そうか、猟師さんか……。私にとって、生まれてはじめての〈猟師〉との出会いだった。これから何かがはじまるような、そんな予感がかすかにした。恋の予感、ではない。

その予感が的中したことは、早くも翌日にわかった。おじさんがわが家を訪ねてきたのだ。玄関を開けると、おじさんは白いレジ袋を差し出した。

「鹿肉、ステーキ用。それとイノシシのソーセージ。食べてみんね」

「わあ、ありがとうございます。いただきます！」

興味津々《しんしん》で受け取った。袋の中には、2本のボリューム感あるソーセージと、ラップに包まれた赤身肉が4枚入っていた。うちが4人家族だから人数分入れてくれたのだろう。珍しいものをもらったということだけでなく、新しいご近所との関わりもまたうれしかった。

早速その夜、鹿ステーキから焼いて食べてみた。獣臭さはどうかなと思いながら口に入れると、想像とちがってスッキリした味の肉だった。肉自体の滋味が強い。味がしっかりしているのだ。ソーセージは、おじさんからのアドバイスどおり、油をひかずにフライパンでじかに焼いた。すると、みるみる肉の脂が溶け出して、いい匂いが台所じゅうに広がった。ハーブがきいていて、赤身のステーキ肉とはまたちがう、脂の旨味があった。

翌日、駐車場でおじさんに「おいしかったです」と伝えると、その数日後、今度はヒレ肉がやってきた。これも焼肉にしたら絶品。柔らかくていかにも上等な肉という味だった。翌日またお礼を言うと、今度はロースが。その次は後ろ脚だった。脚は関節を外したりなど捌く作業があり、ひと筋縄にはいかなかったが、そうした行為も私たちには新鮮で、夫婦でキャーキャー言いながら台所仕事を楽しんだ。

いま振り返ってみると、あのとき私たち一家は試されていたのかもしれない。シシ肉を分けあたえる相手として見込みがあるかどうか。少々難儀する脚を料理してちゃんと食べられるか、見定められていたんじゃないだろうか。実際、それ以後は頻繁に肉をくれるようになった。心臓やら舌やら、ちょっと驚くような部位まで。今では猪や鹿が獲れると、おじさんが山から「肉いるねぇ？」と電話してくれるのが常となっている。

かくして、わが家のシシ肉生活ははじまった。はじめは貯金を切り崩しながらの生活だったから、正直、食べ物を分けてもらえること自体が大歓迎だった。単なる興味本位ではなく、生きるために欲した面が少なからずあったことで、ごく自然にシシ肉生活に馴染んでいった。

もちろん野生動物の肉はスーパーで売っている肉とは全然ちがっていて、料理する工夫や手間も多い。子育てする母親である以上、家族全員においしく食べてほしかったから、私にとっては試行錯誤のはじまりでもあった。

それでも、そうしたことすべてを面白がって楽しむ気持ちがあった。もう9年も前のこと。今でもその面白さが終わらないのは、新たな発見や驚きが続いているからにほかならない。

私を惹きつけてやまない山の肉。その魅力にどこまで奥行きがあるのかはわからないが、まずは入り口となった台所での肉について書いてみようと思う。

感触と思考の台所

おじさんからもらう肉は、これまでの人生で触れてきた肉とは別物だった。新たな肉の登場によって、それまで馴れ親しんでいたスーパーの肉が種別のちがうものに見えてきて、私にとっての〝肉〟が、少しずつ変わりはじめた。

まず、見た目がまるで異なる。おじさんの軽トラに積まれたクーラーボックスに入っているのは、背中一帯の肉であるロースだったり、脚１本だったりの大きな塊《かたまり》なのだ。

おじさんはそれらをグイと持ち上げると、剝き出しのまま差し出してくる。私は大きなビニール袋の口を広げて、ひとつずつ、ずっしりとした肉塊を受け取っていく。このとき、氷水に浸《つか》っていた肉からほんのり赤く染まった水が滴り落ちる。言葉による説明などいらない。それが動物の体であることは一目瞭然だ。

そうした肉を日常的に手にするようになると、トレーの上でラップにくるまれ、ピカピカと照らされ並ぶスーパーの肉が、不思議なモノに思えてきた。同じ大きさ、同じ色。まるで新品の〝工業製品〟のようだ。

受け取る印象としては、一方は動物の死を感じる肉で、もう一方はできたての真新しい肉。どちらが人々に好まれるかといえば、おそらく後者だろう。だからこそ、店に陳列される肉のパッケージは現在の形へと進化を遂げてきたにちがいない。私も当然のようにそうした肉を買い、家庭で料理してきた。スーパーの肉に不満はない。

けれど、見た目の好みやあつかいやすさ云々《うんぬん》ではなく、おじさんからもらう肉には強烈な存在感があった。一度手にしてしまったら、抗《あらが》えないような感覚でまたその肉を受け取ってしまう。わが家のシシ肉生活は、そんなふうに続いてきたように思う。

では、その強烈な存在感はどこからくるのだろうか。

まずは〝肉とは死体〟という歴然たる事実が目の前で示されることがある。これから自分が食べるものは死んだ動物の体なのだと決定的に知ってしまう。知らなかったことにはできない、存在があたえた体験のようなものとも言える。

もうひとつ、強烈な存在感の理由として思い当たることがある。それは、心臓や脚を台所で切り分けるときに〝私の体もこうなんだろう〟と思わずにはいられないことだ。鹿や猪は哺乳類だから、人間と身体構造が近いのは当然といえば当然。けれど、実際には人間の中身は見たことがない。逆説的だけれど、鹿や猪の心臓や脚が、理科室にあった人体模型や生物の教科書で見たものとそっくりだから、人間も同じなのだろうと感じるわけだ。

そして本物の人間の体とは、今この台所に立っている自分自身。私にとってシシ肉を手にすることは、自分が食べるものを知ることであり、自分の肉体を知ることでもある。

わが家は心臓を好んで分けてもらう。正肉《しょうにく》部分とちがって、猪と鹿で大きな差異はなくどちらもおいしい。しっかり血を洗い流し、スライスして焼肉にすることが多い。鶏肉のハツをそのまま大きくしたような見た目で、独特の歯ごたえがある。よくもらうのは私の握り拳《こぶし》ぐらいの大きさ。身長１５０センチの私の手は小さい。人間の心臓はその人の握り拳ぐらいと言われているから、つい、自分の胸に入っているのもこんなふうなんだろうと思ってしまう。

おじさんから肉をもらいはじめて間もないこ

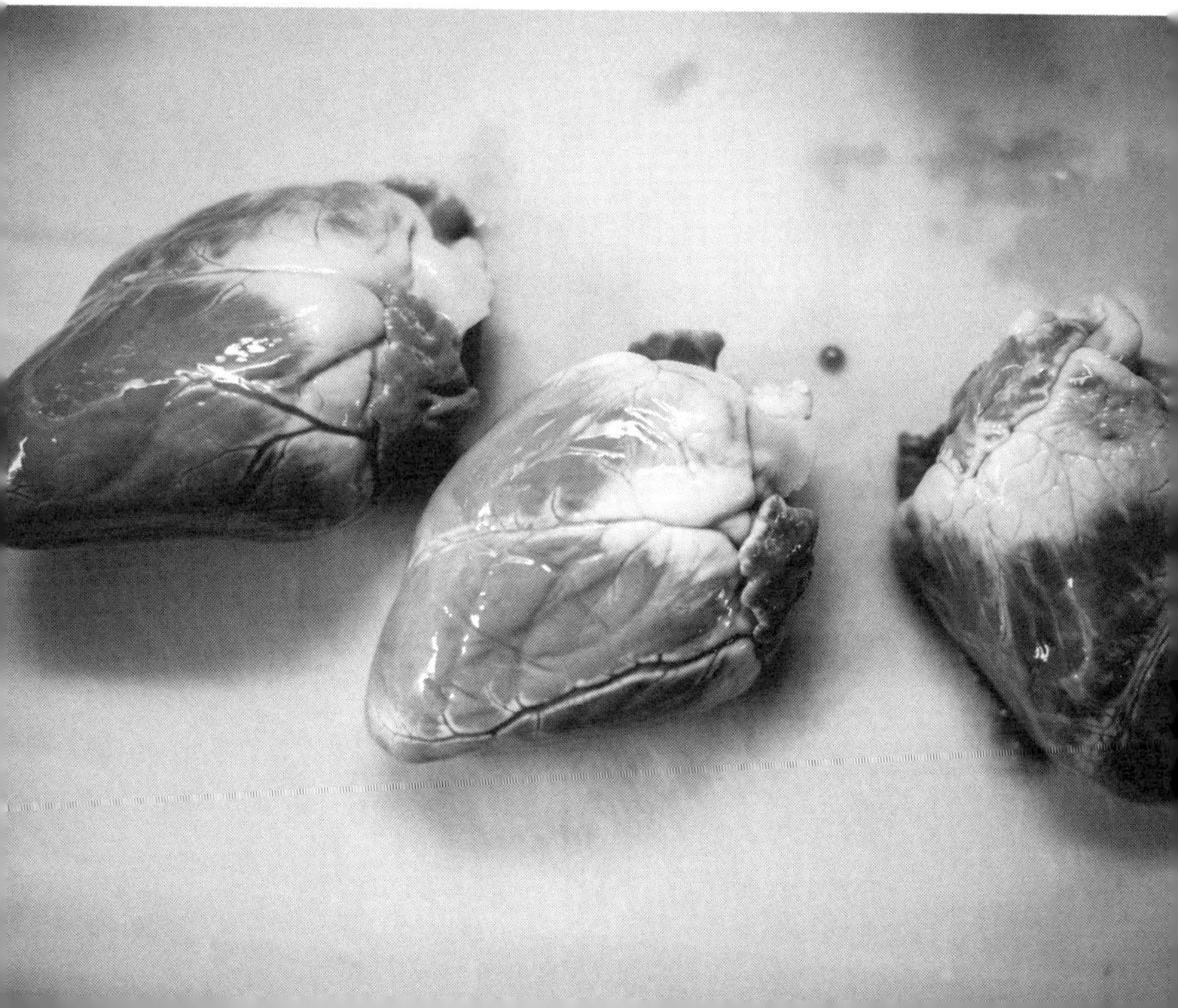

ろ、台所で心臓に包丁を入れようとしていたら次男が「この穴なに？」と尋ねてきた。

彼の指がスッポリ入るそれは、大静脈と大動脈の穴だった。なになに？　と長男もやってきたので、「心臓はカラダぜんぶに血を巡らせるためのポンプで、これは血が出入りする穴」と説明しながら、縦半分に切って見せてみた。

息子たちは「おおー」と声をあげ、袋状になった心臓内部をじっと眺めていた。彼らはもう覚えていないかもしれない。日常のひとコマにすぎないやりとりだったが、私にとっては印象深い思い出だ。理科の授業みたいなことを台所でできる贅沢を噛み締めていた。

心臓は神秘的な臓器だ。私が手にしているのは、動かない、死んだ心臓。けれど実際に半分に切って断面を眺めていると、単純な収縮運動ではなく、右心室やら左心房やらが時間差で収縮をくり返し、血の流れを制御する動きをしているさまが想像できる。

ぴょこんぴょこんと動く握り拳大の心臓は、きっとそれ自体が生き物のように見えるにちがいない。上部を覆っている白い表皮はそのまま先に延びてチューブ状となり、大静脈などの組織になっている。見たこともない超頑丈なゴムのよう。こうしたちがう質感の組織が隙間なくくっつきあい、血を一滴も外に漏らさないようになっている。まじまじと眺めながら、〝なんて完成されているんだろう〟と台所でひとり驚嘆してしまう。

脚も興味深い。後ろ脚は、モモ肉が含まれるおいしい部分だ。持ち帰った後の作業が面倒ではあるけれど、その作業があるからこそ面白い。とくに、一本の肉塊に性質の異なるさまざまな部位が混在していることに発見がある。

そもそも肉は、野菜とちがってとにかくブヨブヨしている。肉の周りは膜だらで、ヌルブヨ感もハンパない。手でつかんでいる足首すら固定できない。はじめて脚をもらったときは、まな板に収まらない大きな塊を前に、取りつく島がないなと呆然とした。

けれど、膜で区画された肉と肉の間に包丁を当てていくと、意外にもすんなり分離していくのだ。このとき、ジュワジュワッという泡立つような音がする。癒着している膜と膜が剝がれる音だ。膜は肉を区画化するだけでなく、幾重にも重なることで、ストッキングのように伸び縮みして、隣接する筋肉の動きに引っ張られないよう緩衝《かんしょう》役になっていることに気づく。またしても、〝なんて完成されているんだろう〟と息を呑む。

脚を切り分けるときは、途中で大腿骨《だいたいこつ》（太ももの骨）と脛骨《けいこつ》（ふくらはぎの骨）の関節を外す。簡単にはいかない。骨と骨を強力なスジがつなぎ留めているからだ。いわゆる靭帯《じんたい》で、それらを切りながら関節を外していく。

右手の包丁で骨の周りのスジを切るとき、脚をつかんでいる左手に小さな衝撃が走ることがある。骨と筋肉をつなぐいわゆる腱《けん》を包丁で切断したことで、突っ張っていた肉が弛緩するせいだろう。膜が肉の構成を担い、骨や筋肉と接続するスジが立体構造を担う。その両方で体のあらゆる動きを実現させていることに感銘を受ける。

こうしたさまざまなことが、同じく骨や肉やスジや膜でできた自分の手や腕でじかに感じられるのが台所作業の醍醐味だ。

肉を大量にもらうと、大きな宿題がドンとやってきたようで〝大変だ！〟という気持ちになる。最初のころはテンパってしまうこともあった。でも、地道に作業していけばちゃんと終わるし、作業中に肉の状態もわかるから料理のビジョンも浮かんでくる。料理への意欲は、そのまま食べる楽しみへとつながっていく。しんとした台所で私はひとり感慨に耽《ふけ》りながら、静かに高揚していく。

肉を捌きながら死後の自分を思う

「わかる」の語源は「分ける」だと言われている。混沌としたこの世で、人はわかろうとして、分けてきたはずだ。生まれたての赤ちゃんが最初にわかる（分ける）のは、自分と自分以外であり、その多くはお母さんの存在によって認識されると聞く。まさに原初の感覚だろう。私の生もまた、おそらく母の存在を認識するところからはじまったにちがいない。

　しかし、自分自身が妊娠してみると、胎動で感じるわが子はあきらかに自分とは別の生命、つまり分かれているとはっきり感じられる。全体を包まれる側（赤ちゃん）と、体内に生命を内包する側（母親）のちがいだろうか。または、すでに在るものと、あたらしく生まれてくるものとのちがいなのか。母親が宇宙的なイメージで語られるのも、こうした〈外側全体〉〈はじめから在る〉という原初感覚の名残のようにも思える。いずれにしても、出産や病気などの手術以外では、自分の中にあるものは、そうそう分けようがない。体を分けることは、すなわち死を意味するからだ。

　そうしたことと関わりがあるのかどうかわからないけれど、台所で肉を切り分けていると、自分の構造を知るだけでなく、自分自身が解体されていくのを想像することがある。それは自分の死後のイメージなので、実際には見ることができないし、そもそも解体される可能性も普通はない。けれど、自分と同じような肉体に触れていると、あくまでフィクションであると認識しながらも、自分の死体がおぼろげに脳裏に浮かんできたりする。そして、自分もそのうちに死ぬんだという死の確実さを感じる。

　死は怖い。誰だってそうだろう。遠ざけたいことの筆頭だ。しかし一方で、死から目をそらすことができない自分もたしかにいる。誰もが死に向かって生きている。死というものが混沌としてわからないことが、死の怖さを増大させる。

生きているかぎり、死をわかることはできない。かといって、死んだらわかるはずもない。死を理解することは永遠にできない――そんな堂々巡りの中で、それでもやはり触れながらわかろうとしてしまう自分がいる。もう生き物ではないが、数時間前の生気が残った肉が、折に触れて目の前にやってくるから。

おじさんはじめ猟師さんたちは、どんな気持ちで解体をしているのだろう。台所作業ですらこれほどインスピレーションを得るのだから、実際に猪や鹿を解体するときは、さらにいろいろな印象や思考が生まれるにちがいない。見方を変えれば、死体解剖そのものなのだから。想像しても、想像しきれない。


「死んだらどうなるの?」

これもまた、子育ての中でくり返し耳にした言葉だ。子どもたちはそれぞれの時期に、この質問をぶつけてきた。つい先日も、保育園からの帰りに5歳の末っ子から問われた。

「死んだらどうなるの?　また赤ちゃんになって生まれてくるの?」

このセリフを最初に長男が口にしたときは、輪廻転生の考えそのままじゃないかと驚いた。教えたこともないのに。その後、次男からも同じことを聞かれた。だからもう驚きはしない。

子どもというのは、そう考えるものなのだろう。私は正直に答えてみた。

「お母さんも知らないんだ。死んだことないからねえ」

笑って言ったつもりだったが、彼女を見ると驚いたような顔をしている。それで気がついた。彼らもまた、〝死をわかりたい〟のだ。そのうえで、望みを含んだ答えとして輪廻転生説がしぜんに浮かび上がってきた。そういうことなんじゃないか。これもまた原初の感覚のような気がした。

何でも知っているはずの母親が〝知らない〟ことに驚き、不安になったのかもしれない。どうフォローしようか考えていると、娘はあっさり話題を替え、保育園での出来事を楽しげに話しはじめた。

家族で猟を見にいく

おじさんから肉を受け取るときわかるのは、それが猪なのか鹿なのか、オスかメスか、あとは大きさなど。農産物の生産情報を問うように細かいスペックを聞くわけではない。その日、どんな獣が罠にかかって、どんなふうに仕留めたか、その格闘ぶりをおじさんがエピソードを交えて臨場感あふれる語り口で教えてくれる。生産情報とはかけ離れた、むしろ武勇伝だ。そうした話のなかで肉の由来を知る。動物として生きていたときの情報を。

もらう肉には、いつも個体差がかなりある。大小や雌雄《しゆう》はもちろんだが、どのタイミングで怪我をしたのか、脚の肉が不思議な癒着をしているものもあった。生きていたころの手がかりを留めた肉。理屈なしに〈一個体〉であることを感じる。毎回もらうけど、毎回ちがう生き物の体なのだ。

おじさんの話から、生きていた姿がおぼろげながら頭に浮かび、〝じゃあ、こう料理しようかな〟という選択につながる。けれど、日々台所に立ちながら、じつは想像しきれない部分が大半だということに気づいてしまった。実際の現場を知らないのだから想像力の精度が低い。

私はだんだん、〝一度は事実を目《ま》の当たりにしたい〟と思うようになってきた。

そしてあるとき、この想いを伝えようと決意。いつものようにクーラーボックスから肉を取り出してくれるおじさんに、「こんど、私を連れてって！」と頼んでみた。スキーではない。狩猟に連れていってもらうのだ。

そして序章に書いたとおり、その願いは箱罠猟への同行で実現した。

けれど、私の狩猟同行はそれで終わらなかった。

現場で撮影した写真を見た家人たちが、「僕らも行きたい」と言い出したのだ。ピクニックじゃないんだからと思いつつ、恐るおそるおじさんにその旨を伝えた。すると、次の週末にちょうど猪が罠にかかったと連絡が入った。「かかっとーけど、くる?」

そして、家族連れで山に行くというトンチンカンなことになってしまった。

とりわけ、小さいころからシートン動物記や椋鳩十《むくはとじゅう》を愛読していた長男は、そこに野生の動物がいるというだけで惹きつけられる思いがしたのだろう。本の中と自分の世界がつながるような感覚はわからなくもない。野生動物に憧れのようなものをいだいていた。それを目の当たりにすれば、きっと動物園では感じられないものがあるだろう。

ただし、その獣はすぐに殺される。それが猟なのだ。

生き物、それも哺乳類が殺されるのを見るのはつらい。それが一般的な感覚だろう。1週間前に感じた息苦しさは、まだ私の中で鮮明だった。どうしてもほんの一瞬、猪の側になって想像してしまうのだ。あれが自分だったら、あれが息子だったら……と。その衝動を抑えようとするが、どうにもコントロールしきれないものがある。狩猟同行4年半になる今でも、それは変わらない。

この衝動を「相手の気持ちを考えましょう」という道徳教育の賜物《たまもの》などとは思わない。3歳の幼児でも、平気でアリを踏み潰したかと思えば、怪我した猫を見て「かわいそう」と言ったりする。ほかの動物に感情を寄せる衝動は、程度の差こそあれ本能的なもののような気がする。

このとき長男は10歳、次男はまだ8歳。生き物が殺される猟に連れていっていいのだろうか。母親として判断したというよりは、「ちょっと待って」と言うことができないまま、流れにまかせて結局みんなで行くことになったのだった。ただ、長男が以前言った言葉が印象に残っていた。

「野生動物の話にハッピーエンドはないんだね。今まで読んできた本に、幸せな死はひとつもなかったよ」

少なくとも長男にとっては、思いがけないショックはないだろうと思われた。2歳の末っ子については、現場にいてもあまり理解できないだろうと高《たか》を括っていた。気がかりだったのは次男だ。彼は絵本でも映画でも、シリアスなものは絶対選ばない性分だ。兄に付いていくタイプだけに、単に調子づいて「行く行く!」と言っているだけかもしれない。

さて、そのトンチンカンな日。家族みんなで早起きして、興奮気味に出発した。おじさんの軽トラのあとを追い、1週間前とはちがう山へ。軽トラに合わせて車を停め、外に出ようとすると、おじさんがこちらに駆けてきた。

「今日は箱(箱罠)やないけん、ちょっと車ん中でまっとってえ」

この言葉で、はしゃいでいた息子たちも緊張した顔つきに変わった。しばらくして戻ったおじさんから〝出てＯＫ〟の合図をもらい、外へと足を踏み出そうとしたとき、次男が真面目な顔で言った。「やっぱり車で待ってようかな」

冷静に考えて怖くなってきたのだろう。彼なりに状況を理解しているのだ。行かなければならないわけではない。むしろ、行かないほうがいいのかもしれない。

「それでもいいよ」と返事したが、ひとりで居残りも心細いのか、結局いっしょに出てきた。

おじさんのすぐ後を付いていくのは私と長男。末っ子を抱く夫と次男は、その後ろを歩いた。

「ブッフォ、ブッフォ！　グウウウ」

目をやると、少し遠くに猪が見えた。

「あそこ、大きい！　ほんとに背中の毛が逆立ってる。すごい！」

長男が叫ぶように言った。本に出てきた猪の姿と重ね合わせているのだろう。

「ほんとだ！　あんなに!?」

「暴れ回ってる！」

みんなの声から興奮が伝わってくる。

「背の毛逆立ってふとか（大きい）猪に見えとるばい。牙があるやろ。オスよ。見ろ、暴れて周りがあんなにほげとるばい」

おじさんも説明を加えてくれた。〝ほげる〟とは九州の方言で「穴があく・えぐれる」というような意味だ。

先週箱罠で見た猪の姿とは全然ちがった。ロープの届くかぎり猛烈に駆け込む。逃げようとしているというより、むしろ突進してくるように見えた。〝猪は慎重な性格で、実際は猪突猛進ではない〟とはよく言われる話。けれど、このとき見た猪は、その四字熟語どおりとしか言いようがなかった。怒り狂う猪の状態こそが〝猪突猛進〟という言葉の由来なのだろう。あまりの勢いに、ロープが切れるんじゃないかとドキドキした。離れていても覇気が伝わってくる。あのロープが切れたら何秒でここまで来るだろうか――そんなことが頭をよぎった瞬間、おじさんが言った。「じゃあ、また車に戻っとって」

危険にさらさない、殺すところを子どもには見せないということなのだろう。おじさんの気遣いと判断に救われた気がした。子どもたちは素直に車に戻り、私だけが一部始終を見ていた。

猪は眉間を叩かれて倒れた。いつもおじさんから聞いていたやり方だった。気絶した状態で首に〝止《と》め刺し〟（罠で捕獲した獣にとどめを刺すという狩猟用語）をすると、ドボドボッと音を立てるように血があふれ、流れ出てきた。動きつづける心臓を想像した。一見残酷だが、意識が戻らぬままに息絶えさせるのが、せめてもの配慮もしくは敬意なのだろう。おじさんは何も言わないけれど。

絶命した猪を道路まで引きずり下ろしたところで、おじさんはまた子どもたちに声をかけてくれた。さっきまで大暴れしていた猪の屍体を目の当たりにして、子どもたちは何も言葉を発しなかった。ただじっと見つめていた。少なくとも、虫かごのバッタや蟬《せみ》が死んでいるのを見るよりも、よほど神妙なようすで見ていたと思う。

「ほれ、そっちにしゃがめ。ふたりともピース！　ほれ、わいはシャッター押さんば」

おじさんが子どもたちと私に向かって言った。一瞬意味がわからなかったが、言われたとおりに猪のかたわらでピースをする息子たちを見て、おじさんの意図を理解した。いわゆる記念写真を撮らせようとうながしてくれているのだ。ああそうかとカメラを構えた。

が、その瞬間、ものすごい違和感に襲われた。指が震えるほど、シャッターを押すことに躊躇《ためら》いがあった。正直にいえば、〝撮りたくない〟と思ったのだ。おじさんが親切心でうながしてくれているのはわかっている。獲物を前に写真を撮ることは、よくある慣習なのだろう。そうした写真を見たこともある。ただ、獲ったのはおじさんなのだ。息子たちが征服感をあらわすようなポーズをとるのはおかしい。強い抵抗感があった。いや、嫌悪感かもしれない。

とはいえ、他人から見れば、私が撮りたいものと撮りたくないものの差異は小さすぎてわからないだろう。うまく説明もできそうになかった。結局のところ、私は複雑な内心を抱えたまま、予防接種の瞬間のようにキュッと眼をつむりシャッターを切った（この写真は封印する）。

解体から焼肉になるまで

このあと、家人らは迷うことなくおじさんの後に続いた。つまり、解体まで見学をしたというわけだ。残虐な風景にも思えるけれど、一連の流れとして見ているとそういった印象はない。すでに死んでいる猪には、気持ちは寄っていかない。猪側になって想像してしまう衝動も生じなければ、かわいそうという気持ちも起きない。

子どもたちも、どちらかといえば興味津々という表情をしていた。

みるみる解体されていくようすに親子で見入った。あっという間に頭は切り落とされ、毛皮が剝がされ、切り分けられていく。そこに大きなアクションはなく、淡々と、ときに道具を替えながら、なめらかに淀みなく動くおじさんの手があるだけ。

「この袋なに?」

次男が指差しながら尋ねた。

「膀胱《ぼうこう》よ。おしっこが入っとると。よおけ溜まっとお。あっとやろ? 夢中で遊んどって、気ぃついたらおしっこ漏れそうになっとるっさ。こん猪も、そげなふうに必死やったとね」

何でもない会話のようで、おじさんの言葉は、生きていた猪と私たち人間が近い存在であることを伝えてくれていた。私たち親との会話では、こんなやりとりは絶対に生じない。教えられるのとはちがう、会話ならではの伝わり方がある気がした。

持ち帰った肉は、その日の夜に食べた。冷凍庫に1週間前のものも残っていたが、やはり今日の猪が食べたくて焼肉にした。記憶が鮮明なうちに食べたかった。スーパーの肉ではいだかない感情だ。そして、この猪肉もやっぱりおいしかった。

ただしそれは、果実に手を伸ばしもぎ取って口に含んだとき感じる〝おいしい〟とはまるでちがうものだ。そんな素直で単純なものじゃない。〝殺したくない〟という感情と〝おいしい〟という感情は、どうやっても一直線にはつながりそうにない。それでも、両方の感情はひと続きの糸でつながっているはずだという確信もある。どんなに捩《よじ》れようが、縒《よ》れようが、その糸は切れずに〝おいしい〟にたどり着く。二度目の狩猟同行で念押しされた実感だった。

〝殺したくない〟と〝おいしい〟、その感情の間にあるものとは。かすかに、何かが見えてきそうな気がした。今は見えなくても、見つづけているうちに何かが見えてくるかもしれない。そんな予感に導かれて、狩猟同行は私のライフワークになっていった。

猪の解体がはじまったとき、私は最初2歳の娘を抱っこして車の中に残った。1週間前に一度見ていたし、解体は娘には見せないほうがいい気がしたからだ。けれど、窓から猪の頭が落とされていく情景を見ながら、居ても立ってても居られなくなり、「ごめんやっぱり撮りたい！山ちゃん、まかせる！」と言って夫に娘を渡し、カメラを持って車から出た。

そのあと娘が夫に聞いたらしい。「ママおちごと？」それで、彼は「うん。ママ、いのししとりにいったんだよ」と答えたという。それからだ。私が仕事に行く話をしていると、娘が「いのちち、とると？」と尋ねてくるようになった。

完全なる勘違いだ。私は猪を撮るのが仕事じゃない。しかも、「撮る」と「獲る」もちがっている。おまけに夫がおもしろがって、「えい！　えい！　ってとるんだよ」と、私がいないときに妙な入れ知恵をしていて、ずいぶん長いあいだ娘から猟師だと思われていた。

山の中で見えないものを見る

「また猟に連れてってくれる？　いつもの猟でいいから」

私の言葉に、おじさんはちょっと驚いていた。きっと〝みどころ〟はもう見せたはず、という気持ちだったのではないだろうか。

「いつも獲れるとはかぎらんよ……まあよかよ」

休日の朝おじさんの軽トラに乗り込むと、私は旅にでも出るような気分だった。なぜ休日なのかといえば、娘の保育園の送迎もなく、彼女を夫に託しやすいからだ。のんびり起き出してくる家人たちを尻目に、私は張り切って家を出ていく。

あっという間に街を通り抜け、軽トラは山から山へと伝《つた》うように進んでいく。急に目の前に海が広がり、朝日が波に反射するのを眺めながら、ずいぶん遠くに来たような気がするなあと感慨に浸るも、まだ出発から15分。長崎のこういうところが好きだ。山も海もとにかく近い。

海沿いの道から山道へ入っていくと、緑とオレンジの景色に包まれる。斜面地を利用した果樹畑に冬はみかん、初夏にはビワが実る、長崎の象徴的な風景だ。早朝は農家さんたちの収穫する姿があちこちに見られる。途中、おじさんがクラクションで挨拶すると、彼らが振り返って手を振ってくれた。

雨上がりの日は朝靄がかかり、ジブリの映画『おもひでぽろぽろ』のオープニング、紅花摘《べにばな》みを彷彿《ほうふつ》とさせる風景が広がる。覚えがあるわけでもないのに、不思議と郷愁にかられる。そんな私にかまうことなく、おじさんの軽トラはさらに上へと駆け上がっていく。

視界から果樹畑が消え、すれちがう車もいないような林道まで登ってくると、おじさんは窓を全開にして顔を出し、キョロキョロしはじめた。そして、「ほう〜」と感心したり、「おるねえ」とニヤニヤしたり。目をやると、土や落ち葉が奇妙に盛り上がっている。猪がミミズなどを探し掘り返した形跡なのだという。

車を降りてからも、おじさんは地面を見ながら独りごちている。

「こっちから来て、あっちに降りとるか……」

そう言いながら、まるでパントマイムのように、猪が歩いているさまを眺めているかのような仕草をした。どうやら、猟はもうはじまっているらしい。私もカメラを手にして、なんとなく気持ちにスイッチが入る。

両手の指2本を立て、踊るように不思議な足どりで歩くおじさん。なんだろう？　眺めていて気がついた。2本の指は猪の蹄《ひづめ》らしい。おじさんみずから猪になったつもりで足跡をたどっているのだ。私がのぞき込むと、足跡を指差しながら猪の歩いていった先を示してくれた。

「ほら、ここからあっちを見てみんね」

おじさんの指差すほうを見るが、何もない。ただ山の風景が広がるばかりだ。訳がわからず戸惑っていると、おじさんが両手で私の肩ごと動かして、見るべき位置に据《す》えてくれた。

すると……見えた！　はっきりと道があった。見ようとしたときはじめて見えてくるトリックアートのようだ。明確な区切りはないものの、なんとなく空間が1本通っていて、たしかに道に見える。

「ようゆうやろ、ケモノ道って。それよ。でもこの道、最近流行《はや》っとらんねー」

「え!?　山の道に流行があるの?」

「ほれ見てみぃ……最近はこっちが人気ね」

おじさんは、1メートルも離れていない場所を指差した。そこには、先ほどの道と並行するようにしてもう1本の道があった。なぜそちらが流行っているのか尋ねると、足跡や落ち葉の向き、そして道両脇の木のようすでわかるのだという。最初に見た道より狭いが、たしかにさらにハッキリとした道になっていた。

「山の道はどんどん変わると。雨や台風でも変わるし、木が倒れても変わる。罠とかの危険を察知したら慎重になって、またあたらしい道ができるっさ」

なるほど。ある獣が歩き、そこを別の獣が歩き、新たな道になっていく。猪や鹿、テンやアナグマなどが共同で使う道。同時に昨日まで使われていた道が今日には廃《すた》れはじめ、そして消えていく。太古の昔からくり返されてきたであろうその情景が、妙にリアルに目に浮かんできた。彼らのつくり出す道は、〝流れ〟となって血管のように山を巡っている。山が巨大な生き物のようにも思えてきた。

「ほら、こん足跡はあたらしいやろ。ここまで勢いよく下ってきて、左足ついて、そのあと右足つくのを迷っとるーやろ。それでこっちに足ついとると」

私はおじさんの言葉に息を呑んだ。〝そこまで見えているのか!〟鳥肌が立った。

ゆっくりと見上げるも、おじさんはいつもの表情、いつもの声。それなのに、急に特異な人に見えてきた。おじさんはシャーロック・ホームズさながらの推理をし、シミュレーションしながら罠をかけているのだ。同じ場所にいても、見えている風景がまったくちがう。私が樹々の間から差し込んでくる光を眺めていたとき、おじさんは周囲を観察しながら、目の前にはいないはずの獣たちをリアルに見ていた。見えないものを、見ていたのだ。

私は昂《たか》ぶる気持ちを抑えられなかった。

〝おじさんが見ているものを見てみたい〟

駆り立てられるような思いだった。カメラを持っていたからだろうか、逆に、自分が見えていないことをハッキリと自覚させられた。今おじさんが伝えてくれた風景は、これまで見てきた仕留めたり解体する狩猟の風景とは対照的だった。野鳥の鳴き声と葉の揺れる音ぐらいしか聞こえない静かな山で、おじさんが見ているのは言わば〝殺される前の獣たち〟。しかも、生き生きと山を歩き回る姿だ。間違いなく、それは私の見たかった風景だ。

台所で猪の脚を捌きながら、想像しても想像しきれないと感じていたもの。その肉の由来を知りたいと願っていた私にとって、おじさんのように山を見たいという衝動は切実だった。

おじさんから教わる獣の跡は、ひとつわかると次々に見えてくるという具合で、〝山を見る〟というチューニングに合わせるような感じだった。

まず目に付きやすいのは、木に付着した泥。これは猪の跡だ。ダニなど寄生する虫を落とすために猪は泥浴びをする。お風呂のようなもので、体のメンテナンスとしての習慣のひとつ。泥浴びの場〈ヌタ場〉から這い出した猪は、あちこちの木に体を擦り付けて泥と虫を落としながら歩く。だから、泥が付いた木がところどころにあれば、それは猪の歩いた道であり、泥がまだ乾いていない場合は猪が通ってからあまり経っていないことがわかる。

もうひとつ目に付きやすいのは、表皮が剥がれた樹木だ。こちらは鹿の跡だ。緑葉がなくなる冬場、鹿は樹皮を喰い剥がす。ちなみに、鹿の肉がおいしいのは春から夏にかけてだ。緑葉をふんだんに食べていることで、肉もしっとりとして味わいが深い。

季節で肉の味が変わるのは猪も同じで、繁殖期がはじまる12月ごろがいちばん脂の乗っている時期と言われる。一般的に定められている猟期とも重なり、味の面でも、保存面でも、肉を食べることを前提にするならやはり冬だろう。

ただ、この時期のオスは食べることも忘れてメスを追いかけているため、繁殖期が終わる2月後半~3月ごろは脂がかなり落ちてしまっている。そうした肉を手にすると、〝精魂尽き果てて罠にかかったのだな〟と感傷的な気持ちになる。

情報量が多いのは、やはり足跡だ。おじさんは獣の行動全体をあらわすものと考えていた。おじさんの猟では〈括り罠〉を使う。括り罠は、踏み板部分を獣が踏み込んだときにワイヤーが締まって捕獲するという仕掛けだ。地域によってちがうらしいが、ここ長崎ではひとりあたり最大30個の罠がかけられる。

おじさんはよく急斜面を眺めながら「のぼっとんねー」「くだっとんねー」と言う。最初はなんのことだかさっぱりわからなかったが、獣が上った跡なのか下った跡なのかを見きわめているのだと知った。

登るときの足の着地点は慎重に選べるが、急勾配や小さな崖を下るときは勢いがつくため、どうしても慎重さを欠く。つまり、狙い目は獣たちが下る場所。ときには彼らの足どりを誘導するように、障害物として大きな枝などを置くこともある。観察して、推測して、獣が足を着地させるさまを思い描きながら罠を設置する。完全なる推理戦だ。

だから、「見破ったよ」とばかりに猪が鼻先で罠を隠す葉をどかしていると、おじさんはすごく悔しがる。そんなようすを見ていると、敵対する関係ではありつつも、おじさんと山の獣たちは高次のコミュニケーションを交わしているように思える。私と冗談交じりに話すのとは全然ちがう、気配を察知し合って交わす言語なきコミュニケーション。おじさんと山に入ると、私はときどき疎外感に似たものを感じる。

おじさんは、「2日に一回獲れるぐらいがいいねえ」とよく言う。月に20頭を超えることもあれば、10頭に満たないこともあるという具合で、鹿と猪合わせて年間100頭以上を獲るおじさん。とはいえ、獲れない日が続くことだってある。そんなときおじさんは「いーっちょん獲れん！」と地団駄を踏むが、手ぶらで帰ることはあまりない。かけた罠30個すべてダメだとわかったら、

「あっこにキクラゲ生えとったねえ」

「あそこのアケビもうあこう（赤く）なっとお」

「あそこの淡竹《はちく》はまだいけるはず」

と気を取り直して山菜採りに転じる。そんなとき、おじさんの新たな目線を知って私はまたワクワクしてくる。見ているのは獣の跡だけではなく、山の恵み全体だったのだ。山のドングリ、ミミズ、サワガニやらを中心に、春はタケノコ、初夏はビワ、秋は栗、冬はミカンなど、四季折々のおいしいものの匂いを嗅ぎとって食べる猪と、ある意味似ている。

もちろんおじさんの場合は、ビワやミカンは害獣駆除のお礼にと農家さんから直接もらうし、地主の大切なタケノコなどは採らない。それでも、山の恵みを感知しながら生き生きと過ごすおじさんは、獣たちからも認知されているのではないかと想像してしまう。

海の幸、山の幸の物々交換

ひとたび山で猪や鹿が獲れると、おじさんはその場であちこちに電話をかけまくる。肉のもらい手を探すのだ。

個体の大きさにもよるが、1頭につき取れる肉は相当な量だ。これが2頭、3頭と獲れる日もあるわけで、おじさんひとりで持って帰っても冷凍庫に入り切らないし、かといって常温で保存できるものでもない。みんなで分けて食べるしかないのだ。肉食とともに人類の共食がはじまったという仮説は、おじさんを見ていると自然にうなずける。

おじさんからの電話はたいてい「今どこ？　獲れたよ。イノシシいるねぇ？」だ。大量の肉の要不要を問われる電話が突然かかってくることに最初は戸惑ったが、いっしょに山に入るようになって納得した。山での解体が済んだあと、いいタイミングで受け取れるかどうかがいちばんのキモなのだ。

猟師といっても害獣駆除の役割が大きいから、証拠の尻尾だけ持ち帰って屍体は山に埋めてきてもいい。実際にそういう猟師もいるらしい。それはそれで山の生き物たちが食べるから、無駄にはならない。けれど、おじさんの周囲には肉が欲しいという人が多いのだ。昨今のジビエブームとは関係なく、おじさんが肉を分ける相手は昔からの知り合いばかり。〈獲れたら電話する人〉としてリストアップされたなかでは、わが家は新参者だろう。

解体して部位ごとの肉にすると、おじさんはさっさと山を降りて漁港に出る。そこで業務用の製氷機からシシ肉を詰めたクーラーボックスに氷を入れるのだ。これでひと安心。この素早さを実現させているのは山と海の近さだ。

でも、おじさんはここで終わらない。イノシシの脚1本を持って漁協組合の建物に入っていき、しばらくすると魚を手に戻ってくる。知人の漁師さんからもらうのだ。高級魚の大きなイトヨリをもらってきたこともある。山の幸と海の幸の物々交換。いや、物々交換することを前提としているふうでもない。たとえ海の漁師さんが何も持っていなくても、おじさんは肉を渡す。

しっかり冷やされたクーラーボックスを軽トラに乗せ、手配先に肉を配りながらご機嫌で帰ってくるおじさん。遠方に寄り道することもなく、肉を配る相手もほぼ帰り道沿いという点もスッキリしている。おじさんと同じ駐車場を使うわが家は、いわば最後の配送先。配り終えたおじさんは駐車場から家へと、果物や魚を手にして坂を登っていく。

その楽しげな後ろ姿を眺めながら、おじさんの暮らしは豊かだなと思った。なんだかちょっと昔話の中みたいだ。おそらく一度も財布を出すことなく、ただ〝自分がたくさん持っているもの〟を人に渡したり、交換しながら帰ってくるからだろう。

何もかもにお金が介在する現代。キャッシュレス含め価値の数値化が進む最近の経済活動からすれば、質や量をキッカリ数字で換算しないそのやりとりは、とても大らかだ。たがいに〝余りあるもの〟を手にしているからだろうか。それとも、所有物という感覚が希薄なのか。山や海の生き物を獲るというのは、それ自体がもらいもののようでもあり、個人で所有する感覚にはならないのかもしれない。

おじさんは14年前に大型バスの運転手を定年退職している。いわゆるリタイヤ世代だ。退職する4年前にはじめた狩猟が、今のおじさんの生活になった。害獣駆除の担い手として、獲れたぶんだけ現金収入となる。そうした定年後の生き方としての魅力もたしかにあるだろう。

けれど、そういったこととは別に、おじさんの行動には惹かれるものがある。決して第二の仕事のような感覚では山に入っていないはずだ。山で見るおじさんの、あの生き生きとした姿。たまにだが一瞬だけ、若者に思える瞬間があるのだ。子どものようなときもある。若いころのおじさんなのか、何か別のものが憑依しているのか、山と戯《たわむ》れているようなあの姿。

おじさんに何かあるのか、それとも山に何かがあるのか。

わからないことだらけだからこそ、また山に入りたくなる。

死と再生の環状線が見えてくる

害獣駆除の要請を受け、おじさんは禁猟期間に関係なくほぼ一年じゅう猟に出ている。獲るのは猪と鹿。年間の総数はそれほど差がないが、持ち帰ってくる肉は猪のほうが多い。

それには理由がある。猪なら確実に生け捕りになるが、罠にかかった鹿はすでに死んでいることも少なくないからだ。雌鹿はとくに弱い。一般に、すでに死んでいる獣は食用には向かない。新鮮な場合もあるかもしれないが、野生肉は誰も安全を保証してくれない肉。病死の可能性だってある。

だから生きているところを確認し、かならず〝殺して〟食べる。たとえ罠にかかっていても、死んでいる鹿は山に埋める。では、埋めた鹿はどうなるのだろう。

「山の生きもんが食べとるやろね。猪の内臓埋めたって、次の日にはもうなか。猪仲間が食べとるっちゃないか思うけど」

猪たちが真夜中に掘り返して食べている姿を想像してみた。はたして、そんな光景があるのだろうか。昼間の風景からは、ちょっと想像がつかなかった。猪は雑食性といっても、サワガニやミミズ程度の小さな生き物が好物だ。どうしても気になって、おじさんに埋めた場所に連れていってもらった。

それは6日ほど前に鹿を埋めたという場所だった。たしかに掘り返され、場所も移動していた。というか、視界に入る前から強烈な臭気が鼻をつき、おのずと場所が知れた。乱暴にほかの獣に引っ張っていかれたような印象だった。まだ肉が残っており、もぞもぞと蠢《うごめ》く蛆虫《うじむし》がたかっていた。ひと言でいえば、それは腐乱屍体だった。

小学生のころ映画『スタンド・バイ・ミー』がテレビで放送されたとき、どんなグロテスクな死体が出るかと目を手で覆いながら観ていたことを思い出す。少年4人が行方不明になった少年の死体探しをするという物語だ。映画の死体シーンは案外あっさりしていたが、実際の鹿の腐乱屍体はお世辞にもあっさりしているとは言えなかった。

その場にとどまることを躊躇する腐臭。これがリアルなのだと思った。

カメラは持っていたが、なんとなく写真を撮ることは気が引けた。まだ鹿らしさが残っており、尊厳を冒すような、怒りに触れるような気がしたからだ。

「古事記」で、死んだイザナミノミコトが、黄泉国《よもつくに》で身が腐り蛆虫がたかっているのを、会いにきた夫イザナギノミコトに見られて怒り狂う場面がある。あのシーンが連想された。腐りかかった体に蛆が這うさまは、正直なところ怖かった。胸がざわついて仕方ない。おじさんが猪や鹿を殺し、解体して肉にするまでを見ているときには、こんな気持ちは起こらなかったのに。イザナギが逃げ出すのもわかる。

猪や鹿が死ぬと、すぐにダニなどの寄生虫が体から這い出てくる。このときそばにいれば、人間にだって喰いついてくる。ダニが這い出ると同時にやってくるのはハエだ。あたたかい季節なら、死んだかな、と思って30秒もしないうちにブンブンと羽音が聞こえはじめる。木陰で待ちかまえていたのではないかと思うほどの素早さだ。まだ息のあるうちから、すでに死の匂いがしているのだろうか。

ハエは、猪や鹿の死体に産卵する。卵から孵《かえ》った蛆虫が腐った肉を食べられるように。孵化《ふか》するころには肉の腐敗がはじまっているという逆算式なのだろう。生きていける環境に子をやるのは、ハエにかぎらず生き物共通の行動だ。蝶が、アオムシが食べるのに適した葉に産卵するのと同じ。もしかしたら、獣の死の匂いはメスのハエにとってたまらなくかぐわしい匂いなのかもしれない。

また別の機会に、3日前に死んだ鹿を埋めたという場所に連れていってもらった。頭が地面から出ており、白濁した目玉がどろりと半分飛び出していた。『ゲゲゲの鬼太郎』の目玉おやじ誕生のシーンそのものだ。妙に眼球が大きく感じた。考えてみれば、ふだん見えているのは目という皮膚の切れ目からのぞいている瞳部分だけ。眼球全体はもっと大きいのだと気づく。

そうした球体らしさが、やはり目玉おやじを思わせた。おそらくあのシーンは、水木しげるが本当に見た光景だったのだろう。『総員玉砕せよ！』に代表される彼の戦争体験記が思い出される。

カサ、コソと音がした。見れば、サワガニが這っていた。山にはサワガニが多く、猪の好物でもあるから珍しくもない。けれど、よく見ればかなり多くのサワガニが集まっていた。そのとき、ハッとした。

「おじさん、もしかしてこのカニたち……」

おじさんはニヤリと笑って言った。

「そうそう、鹿を食べとっとよ。わはは」

カニが鹿を食べる⁉　見たこともない奇妙な光景に見入った。

そうか、サワガニも分解者なのか。じゃあ猪も食べるのか。なんだか変な感じがする。サワガニは猪の大好物。完全に捕食される側と思っていたのに、死んだ猪は逆にサワガニに食べられるという逆転現象が起きるなんて。

そういえば、少し前に「ナショナルジオグラフィック」で、鹿が人間の死体を食べたという記事を見た。命を奪われ喰われる生き物と、命を落としてから喰われる生き物。小学校の教科書にあった食物連鎖のイラストは、前者のみの視点にすぎなかったのだと気づかされる。生き物が生き物を食べるという関わりは、もっと多様で複雑なのだ。

埋めた頭蓋骨は綺麗になる

獣が獲れない日のおじさんの楽しみに、ちょっと変わったものがある。それは〈宝探し〉だ。いや、おじさんがそう言っているわけではなく、私が勝手にそう呼んでいるだけなのだけど。はじめてそのようすを見たとき、おじさんは小学生男子のように嬉々とした表情で地面を掘っていた。埋めておいた猪や鹿の頭部を掘り出しているのだ。つまり、骨だけの状態にするために、山の生き物たちに肉部分を分解させるべく、あえて山に埋めていたわけだ。

「前は家の庭でやっとったけどよ、かーちゃんが嫌がるっさ」

そりゃそうだろう。私だって嫌だ。結局おじさんは山に埋めることにしたという。ほかの動物が掘り返すこともあるからと、ちゃんと紐《ひも》で近くの木に括りつけておく周到ぶり。肉がなくなると今度は川に浸けて一定期間晒《さら》す。水中の生き物やバクテリアが分解したりして、残った脂も抜けるのだろう、すっかり綺麗になるのだという。

「立派な雄猪や角の大きい雄鹿の頭はかっこよかっさ」

言われてみれば、たしかにフォークロアの店やオシャレな洋服屋に飾ってあるような代物だ。しかし、そうした街のオシャレ店にあるものとおじさんの持っているものが同じだと理解するには、やや時間がかかる。そして、オシャレな洋服屋に飾ってある獣の頭蓋骨がこんなやり方でつくられているとは、店主も客に想像されたくないだろうなと思った。だから、私がこんなことを書くのはよくないのかもしれない。

ある日、おじさんと山の中を歩いていると、もう白骨になっている鹿の屍体が落ちていた。とても静かなたたずまい。穏やかとさえ思える骨を眺めながら、1頭の鹿をどれほどの数の生き物が共食したのだろうかと考えてみる。

まず、食べるために殺されたのだろうか。狼《おおかみ》は絶滅しており、野犬も見かけないから、この山に大型の肉食動物はいないはず。残念ながら、「ナショナルジオグラフィック」や星野道夫の本にあるような光景は存在しないだろう。もしかしたら怪我や自然死かもしれないし、ずっと前におじさんが殺して埋めたものが動物たちに掘り返されたのかもしれない。おじさんが言うように、猪も内臓などは食べるかもしれないし、小さな雑食動物のイタチやテンも食べているかもしれない。想像しやすいのは、野鳥が死肉をついばむようすだ。そして、ここまで骨ばかりにするのは、やはり蛆などの小さな分解者の役割が大きいのだろう。骨と肉の間、膜や筋までも綺麗に食べ尽くせるのは彼らしかいない。まるで山の共食だ。

よく考えてみれば、すごいことだ。通常、獣の屍体は山から下ろすと、〈燃えるゴミ〉として処分するしかない。たとえ食用として肉を食べたとしても、捨てる部分は出てしまう。うちでも、燃えるゴミの日には大きな大腿骨が袋に入っていたりして、ゴミ収集の方から怪しまれないかといつも気にしている（人間の骨にサイズも近いのだ）。

けれど、山にとってそれはゴミではない。骨もまた長い時間をかけて分解される。ここは〝生と死と再生〟が100パーセント循環しているゴミ・ゼロの世界。〈●パーセントのゴミ削減になります〉という表示があふれ返る世界に生きているだけに、このインパクトは大きい。人

間もかつてはこの環《わ》の中に入っていたはずだと思うと、ちょっと信じがたい。あまりに世界が離れすぎている。

肉がすっかりなくなった骨を眺めていると〝美しいな〟と思う。その曲線、その構造、その形状。見飽きることがない。いつまでも目を引きつづける存在感がある。オシャレなお店に飾られるのも無理はない。近づいて見ていても、異臭もしない。腐乱屍体に対していだいた、あの忌むような気持ちも湧かない。むしろ威厳すら感じる。それは、肉と骨とのちがいの実感でもある。

おそらく、こうした気持ちになるからこそ、人は大切な人の骨を骨壺に納めたり、動物の頭の骨を飾りにしたりするのだろう。小学生が熱狂する恐竜化石。あれもやはり〝カッコいい骨〟というのがあるんじゃないだろうか。

数十年前まで、沖縄諸島や奄美《あまみ》諸島には土葬や風葬した骨を洗骨する風習があった。きれいに洗って骨だけにする行為で、穢《けが》れを落とす意味があるともいう。それも、腐肉にいだく感情、骨にいだく感情から生まれた風習なのだろう。なんとなくわかる気がした。

そういえば、私の若いころの師である写真家桑嶋《くわしま》維《つなき》氏も、徳之島の闘牛とともに島に残る風葬の跡を撮っていた。写真集『闘牛島　徳之島』というタイトルにもあるとおり、師は闘牛とその風習が残る島に魅せられ通っていた。これ以外にも、闘牛のほかに闘鶏や闘犬など戦う動物の写真を発表している。師がこの風葬跡を撮ったことが、とてもよくわかる。当時は奇異なものを見るような目で見ていたが、今はこうした風景に共感のような情が湧く。これらすべてが、命の感触をあらわしている。

洗骨は、腐肉への忌《い》む気持ちと、故人に対する情との葛藤から生まれた発明かもしれない。だとすれば、火葬は〝腐〟の期間を省いた、より人間好みの発明ということになる。なによりスピーディーだ。そちらが好まれるのはとてもよくわかる。日本での土葬や風葬の禁止はそうした流れなのだろう。制度の遵守は当然だし、宗教が示してくれる再生もある。

けれど、〝腐〟あっての豊かな〝再生〟。骨壺に納められることを思うと、どこまでも自然の環に入れないことに一抹の寂しさを覚える。

〝死後の再生〟なんて、生きることだけが目的の私たち人間にとっては観念的なものにすぎないとも言える。私自身そう思っていた。けれど、山に通い、台所で肉を捌くようになってから、少し変わってきた。観念ではなく、事実としての自分の死体の行方《ゆくえ》を考えるようになったからだ。今は、遺灰を畑に撒《ま》くよう家族にお願いしておきたいと思う。せめて、土と交わりたい。あたらしく生まれる命あるところへ。

とりあえず夫に話してみると、「一筆書いといて。親族に理解してもらいやすいから」とのこと。なるほど現実的だ。長男からは、「オッケー」と返ってきた。軽いな。

母鹿を屠る

おじさんと山に入るときは、ちょっとちがう世界に踏み込む感覚になる。まったくの異世界というわけではなく、少し昔に行くような、ささやかなタイムスリップ。キャンプや登山を趣味にしている人なら、覚えのある感覚かもしれない。

ふだん人工物に囲まれて生きているせいだろうか、ほぼ自然という環境に身を置いてみると、かつての日本人の暮らしが想像しやすくなったり、昔話にも親近感が湧くようになった。

ただし、キャンプや登山とは異なる感覚もある。目的のちがいによるものかもしれない。登山なら登頂、キャンプならほかの生き物たちと山を共有して過ごすのが目的となるが、猟は獲物を捕らえて殺すのが目的。外部からの侵入者として分け入り、山を侵すような感覚がある。

山に入って、まずやることは罠の見まわりだ。おじさんにとっていちばんの楽しみは、この瞬間ではないかと思う。獣が罠にかかった時点でおじさんの勝利だからだ。そうして喜ぶようすを何度も見ている。けれど、その〝捕らえる〟の後にある〝殺す〟について、おじさんのあり方はかならずしも一様ではない。

「ありゃ、ありゃりゃあ……」

意味のある言葉を発しないまま歩くおじさんの後を追いながら、急にドキリとした。視線を感じたのだ。目を凝らすと、おじさんの背中の向こう側から小さな瞳がこちらを見ていた。子鹿だった。倒木に挟まれるようにうずくまっていた。……かわいい。怯えた目が憐れみを誘う。それでも私は無関心を装って黙っていた。おじさんは、きっと殺すはずだ。どんなにかわいくたって、獣害駆除の役割があるのだから、逃すわけにはいかないだろう。子鹿だってすぐに大きくなって、山や農家に被害をもたらす。子を産むメスならなおさらだ。

おじさんは子鹿を少し見やってから、その場を通り越して奥へと歩いていった。そっちにも罠があるのだという。行ってみると、罠には何

もかかっていなかった。落ち葉の隙間からのぞいてしまっている罠に、おじさんは丁寧に落ち葉をかぶせ直したあと、ふたたび子鹿のほうへ戻った。「農家のこと考えたら本当はいかんけどよ……」結局おじさんは、鹿の足から罠を外した。私がいっしょにいたことが影響したのかどうかはわからない。ただ、先ほどのおじさんの動きは、なんとなく時間稼ぎしながら逡巡していたようにも思えた。

罠を解かれた子鹿はぴょんぴょん跳ねるように逃げ、あっという間に見えなくなった。なんだか昔話のワンシーンのようだ。反射的に、鶴女房のような恩返しを期待したくなるが（おじさんがかけた罠だけど）、現実は振り向く仕草もなく、子鹿はただ一目散に逃げていった。

見えている景色から姿が消えると、子鹿がいたのが夢だったように思えてきた。逃したことも、まるでなかったことのよう。そうなってはじめてホッとした。何もなかったなら、それでいい。おじさんがそう思って、それが私に伝わってきたのかもしれない。殺しても、逃しても、罪悪感を負う。猟師とはそういう立場なのだと気づく。

赤ちゃん以前ということだってある。春先、猟に同行したときのこと。メスの鹿が罠にかかっていた。こんなにひどく怯えたようすの鹿ははじめてだった。近づいていく私たちから一度も目線をそらさない。小刻みに震えている。その恐怖がこちらにも伝わり、胸が苦しくなった。

猪のように、いざとなったら反撃してくるものを殺すほうが、いくらかでも気持ちを納得させられるように思う。無抵抗の怯えきった鹿が殺される光景はやはり切ない。それでもおじさんは淡々と近づき、棒で頭を叩く。呆気なく倒れたところで頭をひねり、ナイフを首筋に刺した。血がドクドクと流れ出す。グウ、グウウと、妙な音がした。入るはずのない血液が気道に流れ込んでいくときの奇妙な音。喉《のど》から聞こえるので、鹿の唸り声のようだった。死んでいく音だった。そのときおじさんが言った。

「お腹に赤ん坊入っとるかもしれん」

胸がキュッとした。知りたくなかったと思う自分と、知るために来ているんじゃないかと突っ込む自分がいた。どちらも、正直な気持ちだった。混乱するなかで、次の展開が頭に浮かんだ。鹿を肉として食べるのであれば、なるべく早く腹出し（内臓を出すこと）をする必要がある。あたたかな内臓が肉を悪くするからだ。つまり、おじさんはまもなくこの鹿の腹を裂きはじめるだろう、ということ。少し緩んでいた気持ちが、また張りつめてくるのを感じた。

おじさんはいつもの流れるような動きで斧を振り下ろし、手早く頭を切り離した。ナイフを入れるため、寝転んだままの鹿の下半身を仰向けにする。後ろ脚のつけ根には乳房があった。それを見た瞬間、何度か撮ってきたヤギの出産が頭に浮かんだ。

下腹にナイフが入ると、裂け目いっぱいに見覚えのない白いものが見えてきた。放射状に血管のような模様が見える。これが子宮の中身!?

おじさんが掻《か》き出した白いものは袋状になっていた。人間の妊婦のように子宮の膨張によって内臓が奥に押しやられるのだろう、袋の奥のほうから見覚えある内臓が出てきた。けれど、私の目はその白い袋に釘づけだった。出産撮影で見てきたのは、赤ちゃんや胎盤、そして赤ちゃんを包んだままの羊膜。それらが入っている子宮を見るのははじめてだ。しかも、単なる袋ではなく不思議な凹凸があり、それがゆっくり動いている。それほどハッキリした動きではない。ただ、その白い袋は私の見ている目の前でカタチを変えるように蠢いていた。ふたつのことが頭に浮かんだ。ひとつは〝生きているかもしれない〟ということ。もうひとつは、〝複数入ってるかもしれない〟ということ。袋の一方が形を変えても、もう一方はぴくともしない

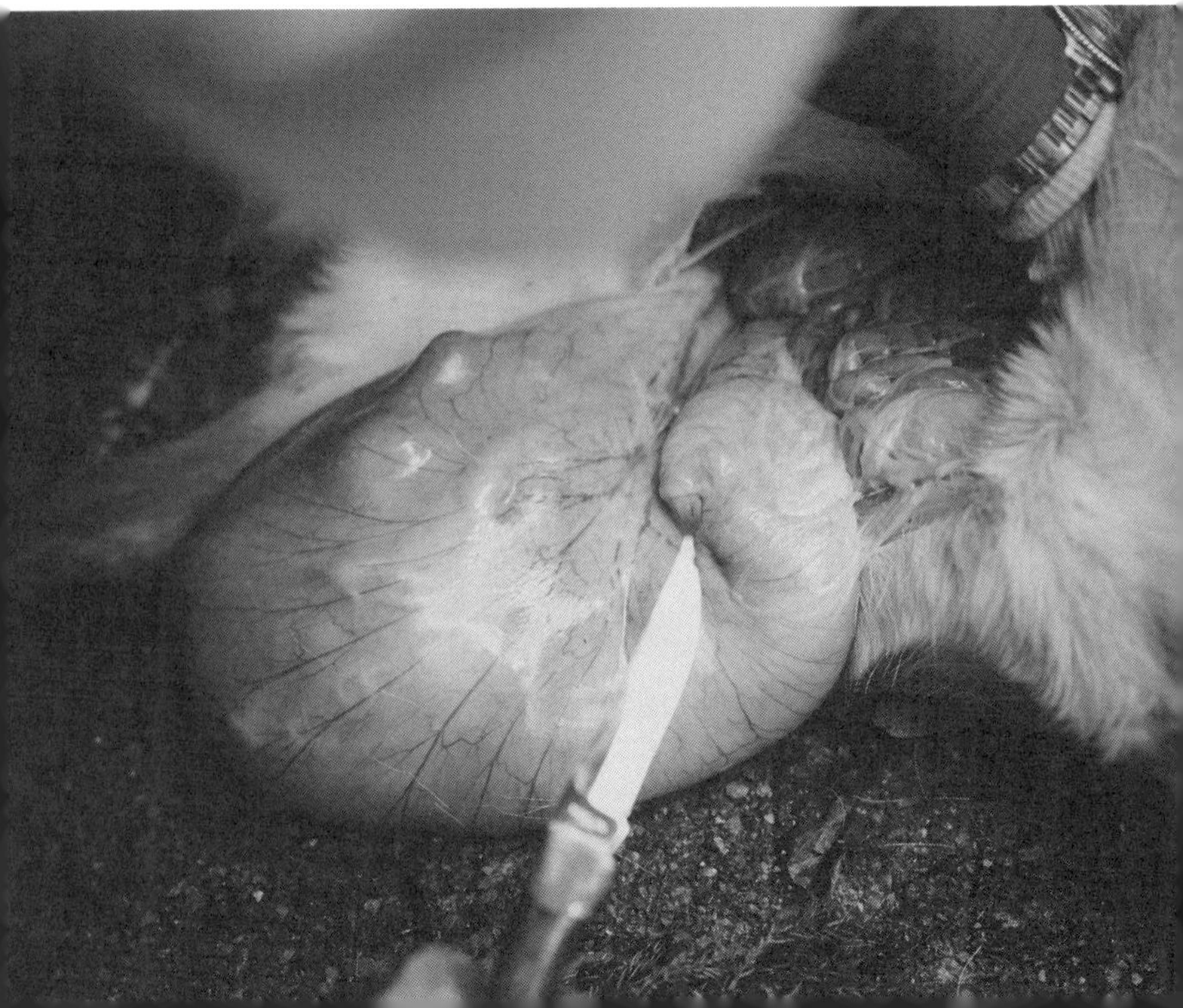

という妙な動きに、中身がひと塊ではない印象を受けた。二匹いるのか?

　私は焦っていた。おそらく、内臓といっしょにこの白い袋も土に埋められてしまうだろう。おじさんは白い袋に目をやることもなく鹿を移動させる準備をしている。その無関心なようすに一瞬ためらったが、でも思い切って「動いている。生きてるのかも」と声に出してみた。おじさんは驚いて、しばらく黙って白い袋を眺めたあと、「ああ……じゃあ、開けてみるかあ?」と言った。いや、そう私が言わせたのだ。「開けてほしい」とは言えず、「生きているかも」と言うのが精一杯だった私の気持ちを察してくれたにちがいない。

　〝生きて〟いても、助けることなどできなかったはずだし、助けてはいけないだろう。〝複数入ってるかもしれない〟と思っても、それを確認する必要はなかったはず。結局のところ私は、後先考えず〝見てみたい、知りたい〟という欲求に抗えなかった。残酷な人間かもしれないが、それが正直なところだったと思う。おじさんの狩猟に影響しないよう、余計なことをしないよう心がけていた身として、介入してしまったことを少し悔いた。

　白い袋を一度持ち上げ地面に置きなおすと、やっぱりまた不思議な動きをした。おじさんが慎重にナイフを入れる。見えてきたのは血管の貼りついた卵のようなもの。なんだろう。美しくて鮮やかな紫色。見た感じ重要な臓器らしいが、胎盤だろうか。動いていると思ったものは、これだった。生き物ではなかった。そして、もう一層ある薄い膜にナイフを入れると、特徴的な点々が見えてきた。まさに鹿の子模様《かこ》。

「模様があるけん、もうちょっとで産まれるやつやろう」

なるほど。おじさんの推測に深く感心した。鹿もまた、胎内で進化の歴史をたどってきたはずで、すっかり鹿の姿になるまで成長しているということは、つまりそういうことなのだろう。

取り出された赤ちゃんは死んでいた。一度も開くことのなかったであろう瞼は穏やかに閉じており、眠っているみたいだった。どうしようもないほどかわいかった。羊水に濡れて光る小さな体は、外の世界に触れていないがゆえの聖なる存在に思えた。そうした、ある種の神秘的な受け取りがたしかにあった。信仰未満の、命に対して人のいだく感情の一面を知った気がした。

その一方で、切ないような悲しみが胸に広

がったのも否めない。生きようとしたひとつの生命だったという事実は、ごまかしようがない。私が母親だからか、赤ちゃんの姿かたちに反応して、悲しみが起こる。そんな複雑な心境もあって、おじさんが特別なようすもなく内臓とともに淡々と赤ちゃんを埋めていく動作に救われた。これを食べるという文化があるのも知っているが、私もおじさんもそんな気持ちにはならないのだから、山にまかせるのがいい。私たちが立ち去れば、ほかの生き物たちが食べる。山の養分となるはず。

私の地元、姫路に伝わる『播磨風土記《はりまふどき》』にこんな内容の記述がある。

伊和大神《いわのおおかみ》と妻（妹）の玉津日女命《たまつひめのみこと》が土地の占有をめぐり争っていた。玉津日女命が生きた鹿を捕え臥せて、腹を割き、その血に稲を蒔くと、一晩で苗が生えてきた。その晩の五月夜にこれを植えたのを見た伊和大神は「五月夜《さよ》に植えつるかも」と言い、去った。それからこの地は五月夜の郡「讃容郡《さよのこおり》」と名づけられ、玉津日女命は「賛用都比賣命《さよつひめのみこと》」と呼ばれるようになった。

二柱の神同士の争いの話だが、腹を裂かれた鹿の血肉が生々しく描かれる一方で、あたらしい命の息吹としてみずみずしい苗が勢いよく育つ、そんな生と死のコントラストが際立つ箇所だ。〝再生〟を超越的現象として神の仕業としているが、生き物どうしの関わりはいにしえの人も察知していたようにも思われ、その死生観に触れるようで好きな話だ。
この一節と、目の前にある腹の割かれた鹿と赤ちゃんと内臓の風景が重なり合ったとき、これは決してあたらしい風景ではないのだと思えてきた。この世に幾度もあらわれてきた風景なのだと。

山の獣たちは目の前の敵しか敵とみなさないし、食べる目的以外ではめったに攻撃もしない。とても直接的でシンプルだ。一方、私たち人間は恨む気持ちがなくとも、敵対するものと位置づけられたものを敵と認識するところがある。害虫や害獣と呼ばれるものもそれに当たるだろう。農家の敵なのだから、間接的にはたしかに私たちの敵なのだ。でも、実際リアルにその生き物と対峙《たいじ》したとき、なぜ敵なのか、なぜ殺すのか、という疑問がふいに頭によぎることがあるんじゃないかと思う。私がおじさんに見たものは、そうした揺らぐ心の風景ではなかったか。

子どもがいるので、絵本の読み聞かせは日常のことだ。気づくのは、動物が登場する絵本の多さだ。民話には助けた動物が恩返しにやってくる動物応報譚《たん》や、動物と結婚する異類婚姻譚など、人と動物の交渉を描いたものが少なくない。また、現代につくられた絵本でも、やはり動物が登場するものが多数を占めている。『ぐりとぐら』で知られる中川李枝子《なかがわりえこ》の人気作品でも、『そらいろのたね』『たからさがし』『たんたのたんけん・たんたんてい』や、中川ワールドが集結した『おひさまはらっぱ』など、人間と動物がまるで隣に住む友人どうしのように描かれたものが多く、うちの子どもたちの大好きな絵本になっている。

ただ、なぜこんなに動物絵本が多いのか、どういう意図があるのか。動物を友達のようにあつかうことにいつも疑問を持っていた。こんなに動物に親しみを持たせておきながら、「お肉は何でできてるの？」と問われたとき、食べているのは今まで友達のように思っていた豚や鶏なのだと教えなければならない矛盾。子どものショックを大きくするだけではないか、と。

けれど、最近は少しちがってとらえるようになった。昔話といえば子どものものと思いがちだが、そもそも動物応報譚や異類婚姻譚は子ども向けというわけではないのだろう。

人間と野生動物が棲《す》み分けて生きるなかで、山という境界線に近づくとき、敵対するしかないというリアル。けれど人間には、ほかの動物に親しむ心がある。家畜とはまたちがう対等さで。だからこそ、大人も楽しむ物語として山のファンタジーが生まれたのではないだろうか。

私たち人間は動物に親しみをいだく一方で、殺して食べもする。動物園に鶏や豚や牛などふだん食べている動物が少ないのは、そうした噛み合わないものを抱えている自覚が私たちにあるせいだろう。生き物を殺すこと。その肉を食べておいしいと感じること。どちらも人間の当然のありようなのだということを、おじさんの後ろを歩きながらしみじみ思う。

こんな原稿を書いていたら、鶏にエサやりしていた末っ子がやってきて言った。

「コッコ、人の言うことわかってきたね！」

「どうしてそう思ったの？」

「だって、おいでーって言ったらきたもん。どのコッコも」

エサがもらえると期待して付いてきただけだろうと思うが、動物と子どもたちは妙に通じている節もあったので、私はよくわからないままに「それは愉しそうだ」と返した。

鉄パイプから銃へ

おじさんの猟のあらましは、罠にかかった猪の眉間を鉄パイプで叩き、失神しているあいだに頸動脈をナイフで断つというものだ。かなりの接近戦。片足が罠につながれているとはいえ、ほぼじかに相手に触れる距離で格闘することになる。肉を持ち帰ったおじさんが興奮気味にその日の猟を語ってくれるのは、きっとそのせいだろうという気がする。

「師匠から教わったやり方になっただけっさ」と言うおじさんは、罠と鉄パイプとナイフで猟をする、ずっとそれが流儀なのだと思っていた。

だから、おじさんが銃を持ちはじめたときは、理由を聞いてみたかった。猪と戦って80針縫う大怪我を負ったことがいちばんの原因だろうと薄々感じてはいたが、それを不名誉に思ってるかもしれず、私は尋ねることを躊躇していた。あるとき、猟に向かう道中で思い切って話題にしてみると、意外にも雄弁に一部時始終を語ってくれた。

「1月17日やね。ひとりで罠の見まわりしよったら、イノシシが1頭かかっとったと。普通は大暴れしとーうちにワイヤーが木に巻きついて、少しずつ身動きがとりづらくなる。それで隙を見計らって眉間をバーンと叩くっさ。でもそいつは、ワイヤーが木に巻きついたら、今度は逆向きに暴れて巻きつきを直すと。右回り、左回り交互という具合。そのくり返しばい！」

ドリフのコントのような光景が脳裏に浮かび、私は思わず笑ってしまった。すると、おじさんは真顔で言った。

「頭のええイノシシもおっとよ。考えて、巻きつけをほどいとると」

おじさんはいつも、賢く強い生き物として猪を見ている。「人間なんか道具持たんやったら」というのが口ぐせで、身ひとつの猪を道具を使って仕留めることに対してつねに意識的だった。

「そのうちイノシシが、ダダダーッとこっちん突っ込んでくるようになったっさ。ワイヤーは4メートル。しっかり後ずさりしたら、前後8メートルの距離をこっちめがけて突進してくっと。ワイヤーがピーンと張ると、猪はつんのめって転ぶ。そげんくり返しとった」

激しく動き回る猪の姿が頭に浮かび、ブホブホという咆哮《ほうこう》が聞こえてきそうだった。なかなか鉄パイプで叩く隙《すき》を見出せず、おじさんは嫌な予感がして電話で相棒を呼び出したという。ふたりがかりで仕留めようと考えたのだ。

「相棒といっしょにぶっ叩こうとしたとき、イノシシはつんのめらずに、そのままオイのほうへダダダダーッて突っ込んできたっさー。足にかかっとるはずの罠がない！　というか、足がなくなっとった」

ええ!?　聞いているだけで背筋がゾッとした。猪は無駄に暴れ回っていたわけじゃなかった。助走をつけ、勢いよく突っ込めば突っ込むほど、ワイヤーが張りつめたときに受ける衝撃は大きい。実際、猪は思い切り派手に転んでいたというから、ワイヤーと足が強い衝撃で引っぱり合い、しまいには猪の足がちぎれたというわけだ。

逃げるためならいっその自分の足を切り離そうとでも思ったのだろうか。それとも夢中で暴れるうちに、知らず知らずちぎれてしまったのか。相当な深手なのは疑う余地がない。それなのに、全身の勢いそのままに突っ込んでくるなんて、想像を絶する。まるで怪物だ。

「イノシシがダダダダーッと突っ込んできてスッと通りすぎた、と思ったらクルッと向き変えてオイに飛びかかってきたっさ。警察犬のシェパードが人間に襲いかかる映像あるやろ。あがん（あんな）ふうや。相棒が助けようとしてイノシシを叩いて、その反撃に出ようとするイノシシをこんどはオイが叩く。それをくり返して3回目よ。相棒がイノシシにのしかかられたとき、オイはちょうど起き上がるとこやった。スローモーションで見えとった。人間とイノシシがいっしょになってフワーッと倒れていったと。仰向けの相棒の顔とイノシシの顔が向き合っとった。イノシシは牙で襲おうとするけん、相棒は必死でイノシシの耳だか頰だかをつかんで、腕を突っ張っとった。オイはすぐ横に回り込んで、鉄パイプを眉間めがけて打ちつけた。そしたらフラッとしたけん、もう1回叩いた。それでドサッと倒れた。そんときねえ、自分の脚が赤いことに気づいたと」

どこで80針も縫う怪我の話になるかと待ちかまえていたのだが、おじさんは猪を倒すまで自分の怪我に気づいていなかったのだ。無我夢中だったとはいえ、そこまで自覚のないものなのか。足がちぎれた猪も、最後まで自分の足がひとつ欠けたことに気づいていなかったのかもしれない。

「なんやチクチクする思て仲間に見てもらったら、『脚が血だらけ。あちゃあ！　尻の肉が落ちとるよ』って。そう言われたら急に痛くなってくっとね。牙で刺されたらしい。刺さった牙を上向きにえぐるように引っこ抜くけん、腿《もも》からお尻まで何箇所もVの字にほげとったって。イノシシ急いで降ろして相棒に持たせたあと、オイは病院に走ったと。あん日はセルシオで行っとったけん、座席汚さんようにブルーシート広げて、その上に座って運転してったら、『あんた自分で運転してきたと？』って医者にビックリされたばいね」

笑えないけど、笑ってしまう。さすが、おじさんだ。いや、褒《ほ》めているわけでも貶《けな》しているわけでもない。ただ、どう考えても九死に一生を得るような出来事なのに、血まみれのまま愛車を汚すまいと行動しているあたり、これこそがおじさんなのだとしみじみ思った。あわてて駆けつけた奥さんと娘さんも、車内は血だらけだろうと恐るおそるドアを開けたら、丁寧にブルーシートが敷かれていて、逆に呆《あき》れて声も出なかったという。

話を聞き終えて、ひとつだけ腑に落ちないことがあった。

なぜ猪は罠から足が外れたときに逃げなかったのか。逆襲しておじさんに傷を負わせはしたが、結局はそのせいで殺された。自然に生きる動物は、もっと単純に〝生きて子孫を残す〟ことを第一に行動するものだろうと思っていたから意外だった。1月といえば繁殖期の真っただ中。逃げて生き抜くだけの理由はあったはず。なぜ生きることを忘れ、死を忘れたように、逆襲へと向かってしまったのか。

おじさんに猪が逃げなかった理由を尋ねると、「怒りやろね」と言う。〈手負い猪《じし》〉という、追いつめられて必死の反撃をすることを喩《たと》える言葉がある。おじさんを襲ったのはまさに手負いの猪。〈怒りに駆られる〉という言葉もある。怒りが主体で、駆られる側は客体となるこの言葉そのままに、猪も怒りに支配されたのだろうか。思い浮かぶのは、ジブリ映画『もののけ姫』に出てくるタタリ神だ。あれこそまさに、猪は片足を失うどころか、死さえ凌駕する〝怒り〟によって〝駆られ〟ていた。

正直なところ、おじさんを襲った猪の〝怒り〟が、私たち人間のいだく感情とそれほど遠くないように思えて仕方がなかった。矛盾をはらんだ感情。そう考えれば腑に落ちるが、また同時に、怖くなってしまう。

最後におじさんは、銃を持ったことについて話してくれた。

「入院中に見舞いにきた猟友会の会長に言われたとよ。今回みたいなことがあるけん銃を持たんか、と。そんで、止め刺しのときに使うことにしたと」

その口ぶりには、できるだけ銃の使用は抑制したいという雰囲気があった。便利な道具で仕留めることに抵抗があるのだろうか。70歳を迎えてもハンパない現役感で山に入っていく姿を見ていたから、便利さに流されたくないという意識が働いているのではないかと推察した。

けれど、実際に質問してみると、まったくちがう言葉が返ってきた。

「人間は、かならずどこかで誤るっさ。どんなに注意しとっても、夢中になったり、ふとしたときに、わからんところがある。人を撃ったという話もなかんわけじゃなか。だから、銃は罠にかかったときの止め刺しだけと決めとるばい」

人間の危うさ。人間のつくり出す道具。強い力を備える道具が、諸刃の剣であること。おじさんは、よく知っているんだろう。

親しい人が銃を持つというのは、人生ではじめてのことだった。お巡りさんが腰に拳銃を下げているのは知っているけれど、銃そのものを見たことはなかった。テレビや映画などには頻繁に登場するし、子どもたちのおもちゃ箱にもいつもあったけれど。おじさんが持つ大きなライフルを見たときもどこかリアルさに欠け、レプリカのように思えた。それを本物だと実感したのは、実際に目の前で発砲するのを見たときだった。

狙いを定めているあいだも、どのタイミングで引き金が引かれるかまったく読めない。暴れ回る猪になかなか狙いが定まらないのだ。殺すには、指一本をわずかに動かすだけ。その指一本を見つめながら、あ！ と思った瞬間、耳をつんざくような轟音が響いた。耳だけではない。全身に衝撃を浴びたようにビクンとして、心臓がバクバクした。

少し離れたところで暴れていた猪が、足を滑らせたように転がった。すごい威力。よくわからないままに、私の全身の細胞は直感的に脅威と受け取った。その一方で、〝離れた場所から倒せる道具なんだ〟と冷静に思ったりもしていた。

人より素早く動き、強く、大きな生き物と戦うには？

それらすべての要素を併せ持つ猪を目の前にして、〝飛び道具〟の必然性に納得した。走って追いかけるより速く、反撃を食らわないほどの距離を確保できる。投げ槍、弓矢、その延長に銃があるのだとはじめて知った。家畜を食べるのが当たり前の世界に生きていると、〝狩る〟世界に想像力がなかなか及ばない。弓矢や銃は、人間どうしの戦いの道具ととらえていた気がする。とくに銃は、人殺しの道具としてのイメージのほうが強い。

山に入っていつも感じることは、人間のか弱さだ。圧倒的な生命力を持つ猪を前にして、おのずと自分自身と比べてしまう。体毛の少ない剝き出しの薄い皮膚、鈍い動き、貧弱な筋力。かつての人間が今の私ほど脆弱でなかったにしても、これほど狩りやすい生き物もいないのではないか。もしかしたら狩るほうではなく、狩られるほうだったのでは？ そう思わずにはいられない。

人間は繁殖力を上げて生き残る進化を選んだという。たくさん死ぬからたくさん産む。病気や飢えによる死のリスクが高いせいだろうと思い込んでいたが、〝捕食されるから〟という理由がなかったはずはない。長い年月、殺されないよう怯えて生きてきた人間が、恐怖から解かれようと生み出したものが銃だとしたら、この道具は簡単に手放せないだろうと思う。

ただ、銃は相手が獣だから有効なのであって、相手が人間となれば同じく銃で応酬される。殺されないように生み出した道具で殺されるなんて本末転倒にも思えるけれど、人類が長い年月それをくり返してきたのも事実だ。

それほどの力を秘めた銃は、よほど魅力的な道具なのだろう。だろう、と推測なのは、私が女だからなのか、資質がないのか、そういうものを感じないからだ。ただ、長男にしろ次男にしろ、ヨチヨチ歩きをはじめたころから棒きれがあれば拾って持ち、4歳ぐらいになるとオモチャの拳銃を欲しがった。中学生になった今も祭の夜店では射的を楽しんでいる。長い人類史の中で男の遺伝子に組み込まれた性《さが》なのだろうか。〝棒きれからオモチャの拳銃〟は、まさに〝鉄パイプから銃〟への道だ。

ちなみにおじさんは銃を持つようになっても、使う必要がないと判断したときは相変わらず鉄パイプで眉間を叩いている。実際、そのほうが素早く決着がつく。しかし、腰に弾帯を付けるようになって、見た目の戦闘感だけは格段に上がった。おじさんも悪い気分ではないらしく、実弾を腰に巻いてちょっとうれしそうでもある。こういうところ、男子感があっておかしい。

娘が4歳のころに「人間を食べるのが鬼？」と問われ、ハッとしたことがある。人間だけは何物にも捕食されることはない、と大人たちはみな思っている。しかし、小さい子どもは、この世界をまだよくわからない。わからないから、わからないものを畏《おそ》れているのだろう。

ひるがえって母親である私は何をわかっているのかといえば、正直何もわかっていない。わかっていると思い込んで、怯えないよう生きる知恵をつけただけのような気がする。

娘は〝鬼〟を絵本の昔話で知ったはずだ。人は鬼を恐れ、殺されないよう先回りして退治する。娘のほうがこの世界をよくわかっているんじゃないかと思ってしまった。

第2章
野生肉を料理する

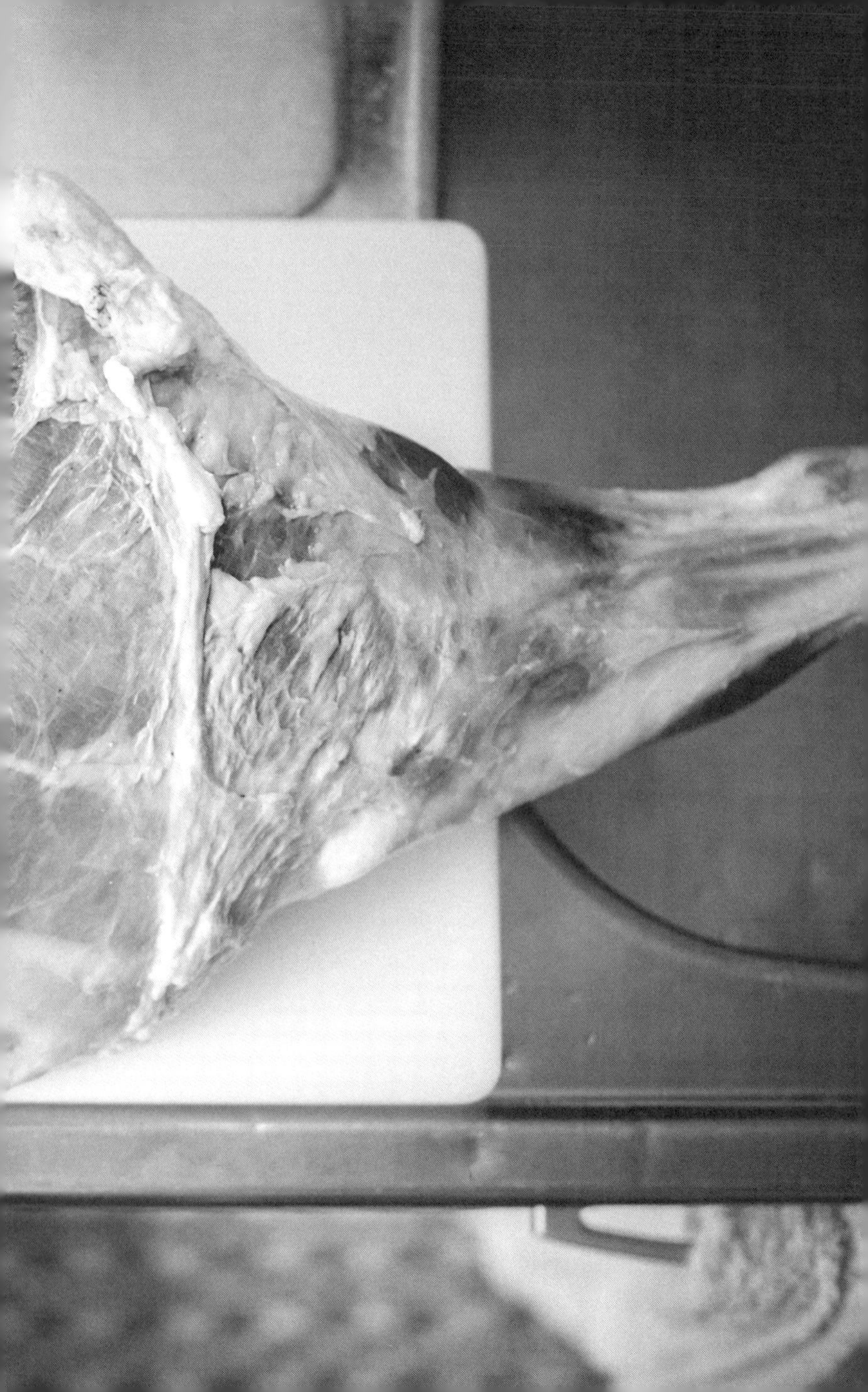

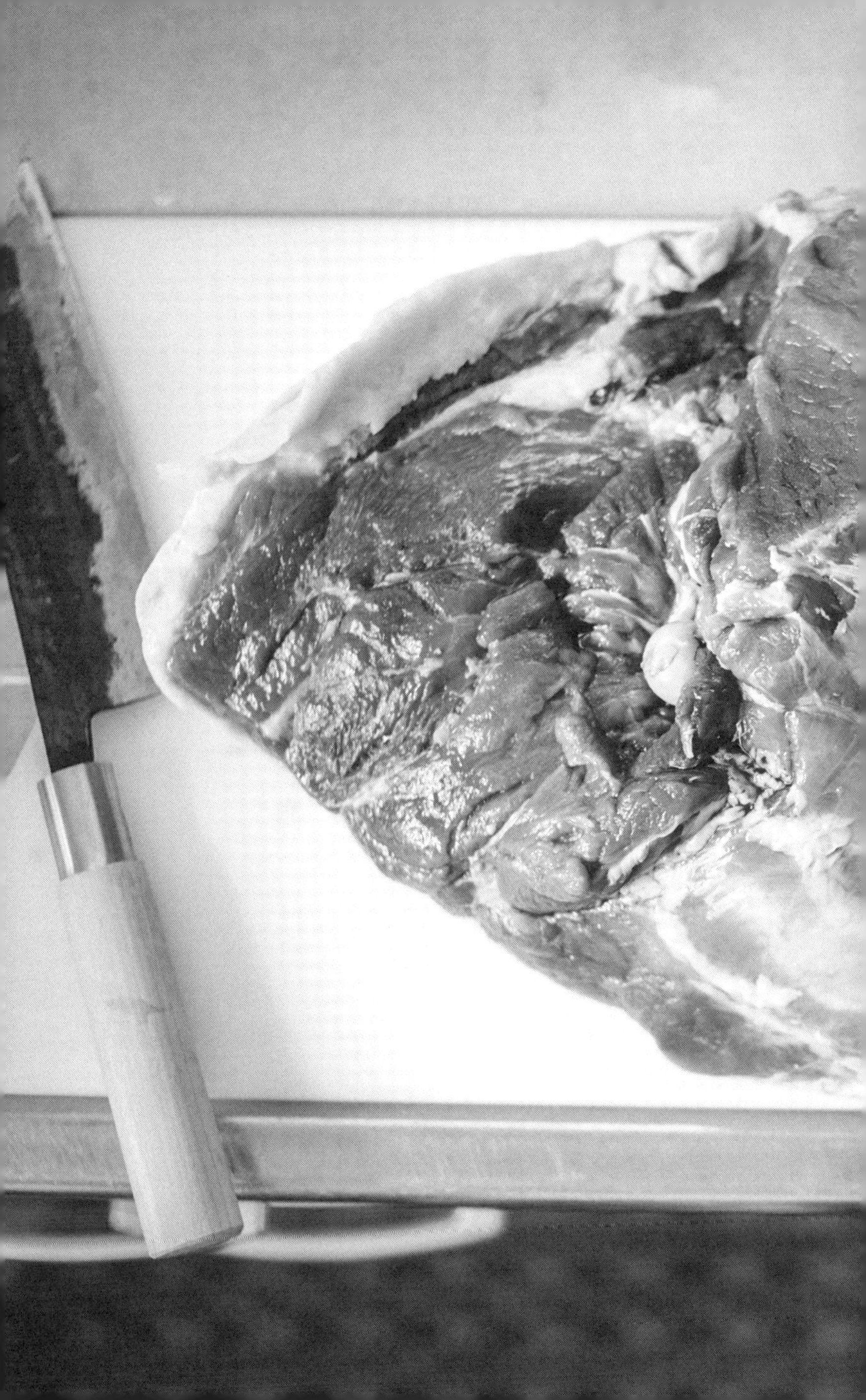

〝ワタシの猪〟が死んでいく

狩猟同行して見た獣はぜんぶ覚えている。頻繁に獲っているおじさんには慣れっこかもしれないが、私にはまだ一頭一頭が特別な存在だ。といっても、出会った人の特徴を覚えるように、姿かたちをくわしく記憶しているわけではない。猪にしても鹿にしても、見分けられるのはせいぜい大きさとオスかメスかぐらいで、それ以上の個体差まではわからない。

ではなにを引っかかりにして覚えているかといえば、死に方だ。死に方は全頭ちがう。獲物が罠にかかっているのを確認して止め刺しするまでのわずかな時間、その死に様だけが一個体としての獣の個性を私に印象づける。

だから、狩猟同行して得た肉は特別な思いをいだいて食べることになる。

ある日、括り罠にかかった猪が暴れていた。大きなオスだった。頭を上にして崖からぶら下がるような態勢になっていた。確認するやいなや、おじさんは銃に弾をこめた。素早い。暴れているうちに足がちぎれてしまうのを危惧してのことだ。

まわりを確認し、狙って、撃つ。バーンと銃声が轟く。右耳に当たった。猪はブッファブッファと興奮しまくっている。つづけてもう一発。バーン！　今度は左耳の後ろに当たった。急所のひとつだ。ヒギューッと猪はいななき、後ろ脚で崖の壁を蹴り上げながら猛然と暴れた。まったく勢いが衰えない。

おじさんは銃を置き、鉄パイプを手にした。叩いたほうが早いと判断したのだろう。一方が崖なので、眉間を思いきり叩ける位置にはなかったが、勢いよく頭部を叩く。ドスッという鈍い音がして一瞬猪の動きが止まった。これで気絶するかと見つめていたそのとき、クワッと猪の目が開いた。私は息を呑んだ。猪の顔のほうに回り込んでいたため、ファインダー越しにバチッと目が合ってしまったのだ。

カメラという暗い箱をのぞいて見えるのは、四角い窓の向こうにある風景。それは片目で映画館の大画面を見ているようなもので、そこに映し出されているのは、静かにこちらを見つめる猪の目だった。金縛りに遭ったように固まってしまった。猪が私を見て、私も猪を見ている。不思議な感覚だった。猪が目線をこちらに向けたままいなないた。ヒギュー！　自分に対して発せられた咆哮に、目をそらすことができない。

そのとき、ふたたびおじさんが視界に入った。少し焦っているように見えた。

猪の背後から近寄り、弾の当たった耳の後ろを思いきりナイフで刺す。猪の瞳にグッと力が入った気がした。過激派組織ＩＳ（イスラム国）の処刑予告シーンのようで、思わず「わあぁぁ」

と声をあげてしまった。

おじさんがすかさず鉄パイプで続けざまに2回叩くと、猪の動きは格段に鈍くなった。

猪の足の罠が外された。それでも猪は、大きな体がズズッと地面に落ちる。ふいに後脚を蹴り上げるように暴れた。少しでも体に当たれば大怪我を負いそうな威力だ。

おじさんが猪の首を回すようにナイフでザクザクと刺していく。もう絶対に死ぬ。そういうシーンだった。お願いだから早く死んで――。いつの間にか露骨に死を願っていた。苦しませることが、つらい。おじさんも長引かせたくないから容赦がないのだろう。目の前の猪の生命力が怨《うら》めしかった。その目は悲しそうに見えた。

猪を軽トラの場所まで降ろし荷台に乗せようとしても、まだ脚を蹴り上げるように抵抗を示

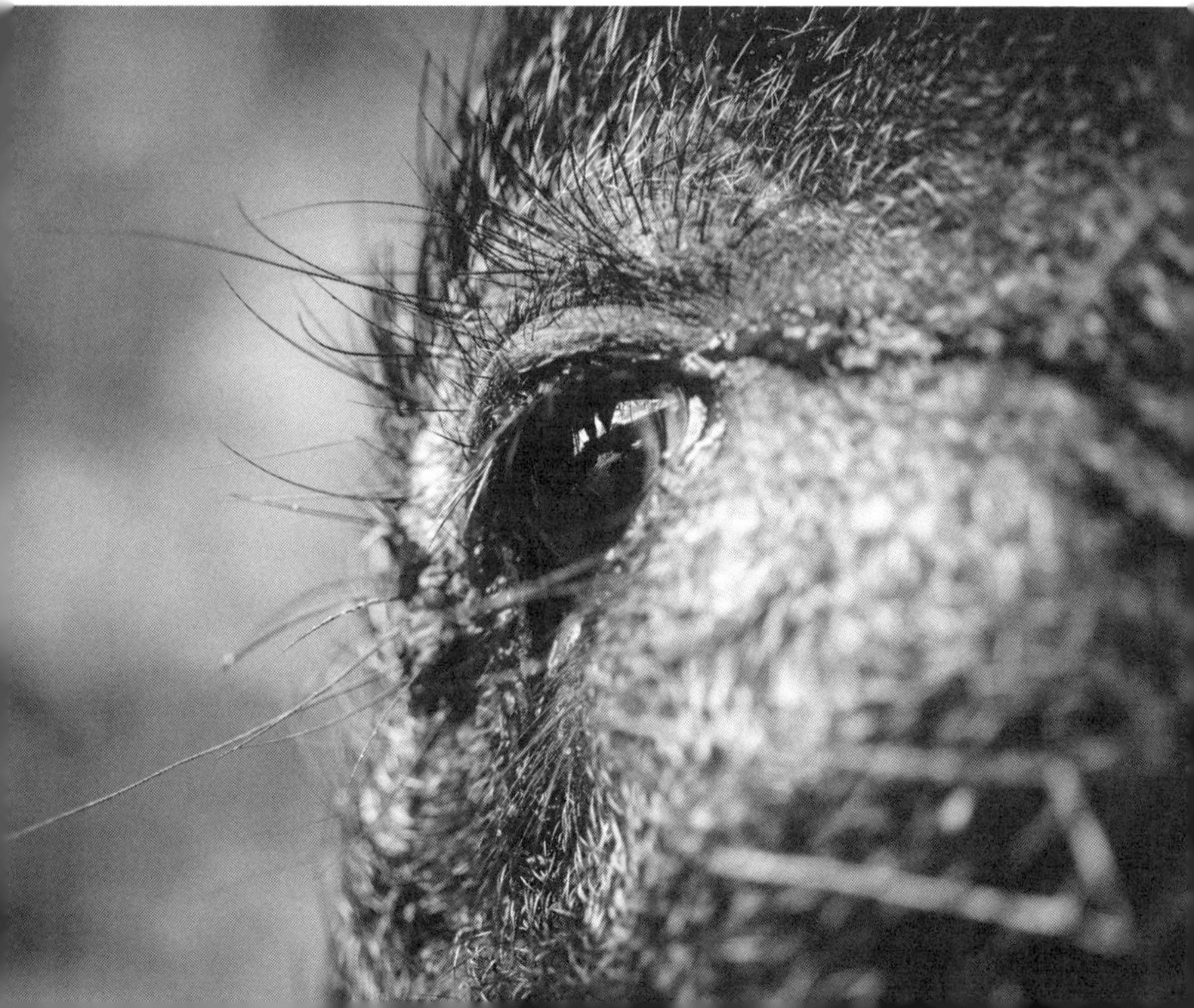

している。なぜ動けるのか不思議なぐらいだった。不死身とはいわないが神懸《がか》ったものを感じた。軽トラに乗せられしばらくすると、さすがに動かなくなったけれど瞳には光があった。まだ生きている。

美しい瞳をじっと眺めているうちに、たまらなく悲しくなってきた。寂しくて、哀しい。このときになってようやく気づいた。〝目を見ちゃダメだったんだ……〟

でももう遅かった。いや、遅すぎた。

振り返って思うに、私は悲しみをもらってしまったのだろう。いつもはそう感じる前に猪が殺されるから、かわいそうとは思っても、こうした悲しみはない。けれど、このときはちがった。目を合わせてしまったせいで、〝私〟と〝相手〟という関係性ができてしまった。〈目は口ほどに物を言う〉〈目で殺す〉という言葉があるように、目はコミュニケーションする。ペットと目を合わせているとセラピー効果があるというのも、言語を超えて通じ合う感覚によるものだろう。実際私は人を撮影するとき目を見ているし、ピントを合わせるターゲットもほぼ目だ。目が、生きたその人を伝えるから。

職業的なクセで猪の目を注視してしまった。猪が私を見つめるファインダー内の不思議な光景に、つい見入ってしまった。しかもカメラで見るという視野を狭めた形で。人間相手の撮影では、それが相手に気持ちを寄せるうえでの一助になっていた。ただ今回は、そのおかげでこんな気持ちになってしまった。ワタシの猪が死んでいく。自分は狩猟者にはなれないと思った。

絶対おいしく食べてやる

解体作業をする沢までの移動は15分ほどだったたか。荷台に回るとすでに猪は息絶えており、美しかった瞳も光を失っていた。ホッとした。虚《うつ》ろな目は、もう苦しそうでも悲しそうでもなかった。あの猪はもういない。

猪の毛皮が剝がされていくのを見つめながら、私の思いは別のところへ飛んでいた。これをどう料理しようか——。解体が進むほどに、脂の具合や肉質などを精査しようと身を乗り出して視線を這わせた。〝絶対おいしく食べてやる〟という気持ちが湧き上がってくる。最初の狩猟同行のときにも頭の中でくり返していたフレーズだ。

ついさっきまで憐れみ悲しんでいたのに、なぜ気負うようにそう思ってしまうのか。

毛皮を剝いでいく過程までは〝おいしそう〟とはあまり思わない。ほんの数年前までスーパーの肉しか知らなかった私にとって、獣は部分を見てはじめて〝肉〟と認識でき、〝おいしそう〟

と思えるわけで、解体風景は憐れむ気持ちを料理意欲へと変化させる装置のようでもある。

山のなかで生き物（猪）から食べ物（肉）になる一連の流れを目の当たりにしていると、命の流動をリアルに感じる。猪の一生は終わったけれど、その体は終わりじゃないという感覚。やり場のない気持ちになればなるほど、肉としての続きへ目を向けるしかなくなる。そうした焦燥にも似た感情が、私に食べるほうへと気持ちを切り替えさせるのかもしれない。

ただ命を無駄にしないという意味では、人間が料理して食べるよりも山に埋めてくるほうがよいだろうと考えたりもする。山の生き物たちなら1パーセントも余すことなく猪を食べつくし、分解するだろう。一方うちで食べる場合は、少なくとも骨やリンパ節などは燃えるゴミ行きになってしまう。しかも、私は山の肉に頼らずとも生きていける。ならば山に共食され、山の一部になるほうが猪も本望なのではないか。

解体してくれるおじさんへの恩義もあるが、肉を持ち帰らないことにもどこかで抵抗感があり、食べようと思ってしまう。共犯者の罪悪感からくる贖罪《しょくざい》なのか、ひとりよがりの弔《とむら》いなのか、もしくは、祖先がそうして生きてきた名残なのか。

〝おいしい〟ってどんな心情なのかとあらためて考えてみる。

まず、〝おいしい〟は〝うれしい〟に似ていると思う。〝おいしい〟と感じたとき、笑みがこぼれるような喜びの感情が湧く。満たされる感覚にともなって幸福感もある。そういった喜びや幸福感を得たとき、何かに感謝したくはならないだろうか。幸福をもたらしてくれた人がいればその人に、信仰心のある人なら神や仏に、日ごろの自分を支えてくれる身近な人や自然に感謝したくなることって、あるんじゃないかと思う。

私なんかは都合のいい人間で、うまくいかないときは誰も助けてくれないと拗《す》ねるくせに、順調なときは誰彼かまわず感謝したくなる。喜びや幸福は〝恵み〟なのかもしれない。〝ありがたい〟という感情にも一脈通じるだろうか。

そうやって連想ゲームのように考えていくと、逆説的ではあるけれど、私は猪を〝ありがたい〟と感じて食べたかったんじゃないか、そう思えてきた。あのときの感覚は、ほんの1ミリも嫌な気持ちで食べたくないというものだった。嫌な気持ちで食べるとおいしくない。つまり、おいしく食べることに意味があり、おいしくすることが必要だった。

ただ、この感覚には背景がある気がする。猪をありがたいと感じて食べたかったのは、ありがたく食べなければという呪いがかかっていたからじゃないだろうか。仏教の根づいた日本で、動物の命を奪う殺生を罪とする観念が自分にも染み込んでいることは否定できない。少なくとも「生きるために殺して食べるんだ！」と堂々と口にするのは憚《はばか》られるような空気がある。

生き物を殺して食べることについてまわる後ろめたさを払拭するために、スーパーの肉は今日のような無機質を突きつめたパッケージになったはずだ。良くも悪くもこの現実が〝ありがたい〟と思う機会を、結果的に私たちから奪ってきた。だから、みずから〝ありがたい〟としぜんに感じることなく、〝ありがたく食べるべき〟と教育されてきた。

私は染みついたその呪縛によって〝絶対おいしく食べてやる〟と知らず唱えてしまったのかもしれない。答えは自分にもわからない。

このとき持ち帰った猪の肉は、食べ終えるまでに約1カ月かかった。

正直なところ、冷蔵庫からはじめて取り出すときはなんとなく気が進まなかった。残像のようにあの猪の目が頭に浮かんでくるのだ。それでも、日々料理して食べていくうちに重苦しさは少しずつ解け、消えていった。思い出さなくなったわけじゃない。同じようにあの残像が脳裏をかすめるのだけれど、悲しみは感じなくなっていく。

たぶんそれは、夫や子どもたちが満足そうに食べてくれたからだ。あの日の悲しい猪は、私の大切な人たちの今日になった。それは私にとって喜び以外の何物でもない。気持ちが塗り替えられていくような1カ月を過ごし、またちがった意味で、あの猪は忘れられない一頭になった。おいしいから、うれしいから、ありがたい。

逆説的ではあったけれど、〝絶対おいしく食べてやる〟と気負って料理することは、結果的に私の成功体験につながった。〝かなしい〟から〝うれしい〟へと気持ちがなだらかに変容してく触媒となったのは、やはり料理の力だった。

食べ終えて一頭が完全な思い出になったとき、最後に残ったのは懐かしむ気持ちだ。あれほど〝かなしい〟と感じたことも、今はどこか愛おしい。猪を見つけて食べるまでがひと続きの体験であるように、気持ちの移り変わりもひと続き。死の悲しみと料理の喜びはたしかにつながっていて、さらに濃《こま》やかな感情が絡まり合ってもいて、味わい深い濃厚スープのようだった。

国学者の本居宣長は歌論書『石上私淑言《いそのかみのささめごと》』で、〝あはれ〟とは深く心に感じることだと述べている。悲哀な感情だけでなく、うれし・をかし・たのし・かなし・こひし——情に感じることはすべて〝あはれ〟に含まれるという。現代人の感覚からすると、〝うれしい〟と〝かなしい〟は真逆じゃないかと思うところだけれど、今の私は深い親近感を覚える。

わが家の長男は鶏を飼っている。ペットではなく家畜として。

当初は夫と大反対したのだが、すったもんだの末にこちらが折れ、彼が小学校6年生のときに養鶏がはじまった。あれから2年半が経っていた。当初から彼は、「2年後、産卵率が落ちたら絞めて食べる」と言い張っていた。けれどその1年後に、病気で弱ってしまった鶏をやむなく絞める機会があり、食べるわけにもいかず土に埋めた。はじめて鶏を殺した息子が目を潤ませながら言ったのは「来年、オレできるかな……」だった。その後こうも言った。「うちのコッコを食べないと死ぬという状況だったら全然できると思う。だけどこんなに食べ物があふれてる世の中で、こいつを殺して食べる理由が見つからない」

　しかし現在の彼は何の迷いもなさそうに、「この冬絞めて食べる」と言っている。「自分の手で終えたいから」だそうだ。養鶏家にとっては、産卵数を維持するために新しい鶏（ヒヨコ）を入れ、古い鶏を絞めるのは当然のこと。ただ、病で衰弱した鶏をそうしたように、殺して埋めることもできるはず。

「なんで殺すところじゃなくて〝食べる〟が終えることなの？」

と尋ねると、「……なんでだろうね」と逆に聞き返されてしまった。この言葉にならない感覚を頼りにしてしまうあたり、親子だなあと思う。

　子どもたちと鶏の世話をしていると、通りかかる近所のおじいちゃんやおばあちゃんから、「懐かしいねぇ」とよく言われる。ひと昔前の人たちは当たり前にやっていたことなのだろう。鶏を絞めて食べたことも、山の獣肉を分けてもらって食べたことも、懐かしくておいしい思い出だったりするのかなあ。屈託のない笑顔を見ながらそんなことを考えた。

料理は科学、そしてステキな魔法

新鮮な猪や鹿の肉が手に入るとはいっても、日ごろ私がつくるのは何の変哲もない家庭料理だ。香辛料たっぷりのしゃれたジビエ料理などではない。ただ、目の前の食材が生き物だったときの姿を見ているだけに、家族には「おいしいね」と言って食べてもらいたい。その気持ちに尽きる。

夫はラムやマトンが好きで、ヤギを潰して出される歓迎料理を出張先の離島で大喜びで食べるようなタイプだけれど、私と子どもたちはクセのある匂いをあまり好まない。だから、6歳の末っ子から中学生の息子たち、そして40代の酒好き夫婦までが、ともにおいしく食べられるものを意識して料理する。〝ハレ（非日常）〟か〝ケ（日常）〟かでいえば、完全にケの料理だ。

野生肉で料理をするようになると、スーパーの肉売り場の特殊性に気づかされる。

私たちが買いやすく、料理しやすく、また食べやすいよう逆算して育てられた家畜たちの肉。商品としての効率が重視されるから、生育年齢もすごく若い。解体された肉の中でもニーズの高い部位だけがトリミングされ、パッケージされて売り場の大部分に並ぶ……。

なんて贅沢な肉なんだー!! 私は豚肉コーナーの前で立ち尽くしてしまった。2割引になった肩ロースとバラ肉とで迷っている女性に、思わず「どっちも手のかかった高級な肉ですよ」と声をかけたくなる。落ち着け。大きく息をついて、もう一度売り場を見まわしてみた。

じゃあ、たとえば使い勝手の悪い大腿骨なんかは、どこで売ってるんだろうか?

卸売市場や商店街にある昔ながらの精肉店がぼんやり頭に浮かんだ。ラーメン屋や中華料理店などが買い付けにいくプロの店と、スーパーの棲み分けができている。これってすごいことかもしれない。今日、忙しい人でも即座に料理できるハードルの低い食材として肉が認知されているのは、きっと精肉業界の工夫の賜物なのだ。「働く母さん」の私にとっても、スーパーで買える手軽な肉の存在は大変ありがたい。

野生肉ではそう簡単にはいかない。個々の肉の特徴を見きわめ、活かし、手間と時間を惜しまず仕上げなければ、臭みや硬さが気になる料理になってしまう。一度そんな食事を経験してしまったら、うちの子どもたちは全員すぐに獣料理を嫌がるようになるかもしれない。ハードルは高いけれど、そう考えて取り組むうちに〝料理ってすごいものだな〟と思うようになった。

スーパーの肉なら煮ても焼いても難なく食べられる料理になるけれど、野生肉はそんなに単純じゃない。焼いても全然おいしくないものが煮ると絶品になったり、その逆もある。〝料理は科学〟と言われるけれど、野生肉を使うとそのことが実感できる。工夫が必要だからこそ、人間の料理は進化し、向上してきた。砂糖を揉み込んだり、塩麹《しおこうじ》や味噌に漬け込んだり、野菜と合わせてミンチにしたりと悪戦苦闘しながら、〝これこそが料理なのかも?〟と、台所でひとり当たり前のことに大興奮している。

とりわけ、塩麹は欠かせなくなった。大きなロースをそのまま漬け込むと、がぜん味がよくなるのだ。だから、米麹を買ってきては大量に塩麹をつくっておくようにしている。大きな猪のオスなどは焼いたり煮たりすると臭いが出やすいけれど、塩麹に2日以上漬け込んでおくと、肉が柔らかくなるのはもちろん、臭みまで消えていく。スパイスで臭いを隠す料理法よりも、日本人好みの肉になる気がする。

私にとって野生肉料理は、料理以前の仕分け段階がいちばんの要《かなめ》だ。おじさんから聞いた情報を頭に思い浮かべ、実際に手にした肉を観察しながら切り分けていくが、同時に、料理別の仕分けもする。まずは、〈煮る肉〉と〈それ以外の肉〉に分けるところから。

生命活動のない死肉はどんどん変化していく。ひとたび肉塊をもらったら、どんなに忙しいときでも、急いで大量の切り分けをしなければならない。たまにそれで仕事の締め切りを落っことしそうになるけれど、〝こっちも急ぎの仕事なんだ!〟と自分に言い聞かせている。肉の状態がわかるうちに仕分けして、ストックバッグに日付と個体の特徴、部位を書いておけば、あとは日々のなかでゆっくり料理していくだけ。

ちなみに、〈煮る〉だけが特別あつかいなのは、〈焼く〉〈茹でる〉〈揚げる〉〈炒める〉〈蒸す〉に比べて、長時間の加熱による肉質の変化が大きいからだ。基本的に、煮るのは膜が多い肉と筋や大きな肋骨、それに大腿骨やスネ肉など脚の骨まわりだ。短時間の調理ではなかなか食べやすくならないこれらの部位も、半日かけてじっくり煮ればプルプルになって超絶品。ダシの旨味もたっぷりだからシチューやおでんに最適だ。

コツは、最初にアクを出すためグラグラ煮て、その後は沸騰しないギリギリの温度で3時間以上煮つめること。最初のグラグラ煮で肉や筋がギュッと引き締まるので、硬くなるんじゃないかと心配になるかもしれないが、長時間の煮込みでふっくら柔らかく仕上がっていく。

まだ肉をもらいはじめて間もないころ、大量の肉がフリーザーに入りきらず、冷蔵庫にも収まらなかったことがある。困った挙げ句にはじめたのが〈塩漬け〉だった。塩をまぶし砂糖も加え、ウイスキー、スパイス、月桂樹やローズマリー、玉ねぎや乾燥バジルなどを適当に入れて漬け込み、冬の台所の隅に置いておいた。冷蔵庫にスペースができしだい移動させ、延べ3週間ほど経ってから〈燻製〉にしたら衝撃の旨さだった。まずこれほど時間が経ったのちに食べられることが不思議だったし、まったく新たな旨味が生じていることに感動した。料理は魔法か!? と思った。燻製は今や冬の定番レパートリーで、休日の朝のベーコンエッグには欠かせない。

野生肉を使った料理をするのは今では日常なので、家族にほらと見せたり、事前にあれこれ伝えることはもうない。たまたま台所に来た子どもがそばで見ていることがあるが、母親の私が大きな脚の関節を外そうと踏ん張っていても、まったく気に留めることなく「今日学校でさ〜」と話しかけてくる。彼らにとって、私が野生肉を料理しているのはもはやふつうの光景らしい。

娘が3歳のころ、「ママー、みんなはいのちち（イノシシ）食べとらんとよ！」と驚いた顔で報告してくれたことがある。移住後の長崎で生まれた彼女にとって、猪の肉はあたりまえの日常食だったわけだ。それに比べ、東京出身の長男と次男は、野生肉を食べていることを友人たちに話したりはしていないようだ。家族に猟師がいて猪肉が日常という子もたまにいるが、長崎市民の大半にとって野生肉は日常ではない。話して変に思われるのも面倒くさいといったところだろうか。私はまったくおかまいなしに、長男のお弁当に猪の唐揚げやら鹿のハンバーグやらを入れているけど。

先週、長男と私はふたりで鶏を捌くワークショップに参加した。殺して、羽をむしり、三枚おろし（?）にして、最終的に精肉していく。連れていった次男と末っ子も横で見ていた。どんな気持ちでいたのかはわからないけれど、その鶏肉は持ち帰ってみんなで食べた。水炊き、照り焼き、ローストにしたが、どれもおいしそうに食べている。

猪の脚を解体しているようすを日常的に台所で見ている彼らには、おそらく「動物」を食べているという実感が日ごろからあるのだろう。目の前で殺された鶏を食べているのだけれど、あらためて言葉にする必要もないほど、きっとそれは彼らにとって当然のことなのだ。

私にはそれが少しうらやましい。自分がそうしたことを実感したのは最近で、すっかり大人になってからのことだからだ。体験というものの強さを感じる。もちろん、大人だからこそ感じられる部分もあるだろうけれど、子どもたちの無意識の中で育まれていくものがあるような気がして、それをとてもうらやましく感じる。


間違いなく、私の肉料理への意識は変化した。料理しながらいつも思い浮かぶのが、猪や鹿が死んでいった姿だからだろう。この心持ちはもう抗いようがなく、だからこそ〝かなしい〟から〝おいしい、うれしい〟へと気持ちを転換させたい思いが湧いてくるのだ。

ただ、料理に対する意識が変化したのには、もうひとつ理由があった。

こうした野生肉生活および撮影と並走して向き合っていた仕事に、とある料理研究家による料理を撮影するというものがあった。ジビエ料理の専門家でもなければ、肉料理に強い人物でもない。けれど、〈生き物〉を〈食べ物〉にしていく彼女の台所風景を眺めていると、私が向き合っていくべき料理の先が灰かに見えるような気がした。そこには、食べる人に心傾けるだけの行為ではない、食材となる生き物にも向けられた精神があったからだ。

福岡に暮らす94歳の桧山《ひやま》タミ先生は、野菜の皮はおいしくなるからと干し、ナスのヘタは黒豆煮に使うのよと窓際にぶら下げる。引き出しには、カワハギの皮をかまぼこ板に丁寧に巻いたものが、ワサビおろしとして保管されていた。食材でなくなった部分にまで可能性を見いだすことは、それだけ大切にあつかう時間が長くなるということだ。それは、生き物だったものたちへの恩義や礼儀のように思えた。タミ先生が「怒っているときは料理をしない」と言うのも、そんな気持ちで料理するのは食材に対して無礼という意識のあらわれなのかもしれない。

料理と気持ちをこんなに密接に関連づけ、それを料理の指針にしたことは正直それまで一度もなかった。けれど、狩猟同行の際に向き合う死の〝かなしみ〟を〝うれしい〟にまで昇華させる媒介は料理しかない――そう思ってしまった私にとって、タミ先生の台所仕事はいろいろな意味で胸にすとんと落ちるものがあった。

*

これまで試行錯誤を重ねながら、さまざまな野生の肉でさまざまな料理に挑戦してきたが、数あるわが家のレシピのなかでも家族全員に評判のいいメニューをここでひとつ紹介したい。猪のスネ肉を煮込んだシチュー、その名も「ラピュタシチュー」だ。

入手した肉質や分量によっても細かい案配は変わるので、ざっくりした手順だけ記しておく。もし、猪のいいスネ肉が手に入ったらぜひ試してみてほしい。こんな感じだ。

1 スネ肉や膜の多い部位の肉を準備する（膜や筋が多いほどシメシメ）。

2 20〜30分ほどグラグラ煮る。このときアクが出てくるので取りのぞく。ローリエ（月桂樹の葉）や余った赤ワインなどがあればドボドボッと入れ、その後はとろ火をキープ。沸騰させずに煮るのがコツ。

3 人参と玉ねぎをみじん切りにしてフライパンで炒める。玉ねぎは多すぎるぐらいがいい。

4 3がしんなりしたら、肉を煮ている鍋に投入。

5 トマト缶かトマトピューレを鍋に投入。

6 ここからは、匂いを嗅ぎながら「入れたらいいかも」と思う具材を冷蔵庫の整理をする気分で投入していく。ある日の私は、色が悪くなる直前のシイタケ、ニンニクのすりおろし、余っていた生姜を絞って入れた。きのこ類は肉や野菜とちがった風味のダシが出るのでオススメ。長崎はビワの産地だけれど日持ちがしないので、よく砂糖と煮てピューレにして保存しているが、そうした果実物もあれば加えるといい。りんごのすりおろしは酸味と甘みが足されてまろやかに。余ったジャムでもOK。好みでスパイスも少々。ガラムマサラやカレー粉を振るとグッと食欲をそそる風味になる。

7 3時間以上とろ火にかけ煮つめていく。途中、砂糖、塩の順に加え味を整える。ジャガイモは煮崩れしやすいので、ほかの鍋で茹でておき仕上げる前に投入。里芋や京芋、タケノコ芋など、ネットリ系の芋類を入れてもおいしい。

8 できあがり。膜や筋がプルプルになっているはず。パクチー、パセリなどのトッピングは、よそった皿に各人がお好みで（いろいろな年齢層が混在するわが家流）。

抵抗する肉、毒を持つ肉

狩猟に同行するようになってからというもの、料理するのがどんどんおもしろくなっていく一方で、同時にある種の怖さも感じるようになった。

実際に生きている獣たちの姿を目にしているから、暴れながら殺される生々しい光景を思い出してしまうのもあるけれど、私が感じる怖さというのは、そのあとの話だ。彼らの抵抗は死してなお終わりとはならず、台所のまな板の上でも続いている。

たとえば、果実は完全に無抵抗だなと思う。手を伸ばしてもげば、そのまま食べることができる。むしろ、子孫を残すために実ごと食べてもらおうという植物側からの積極的な生存戦略ともいえる。だから、食べるこちらも100パーセント同意を得ているというか、受け入れられている感じがして良心の呵責《かしゃく》がない。野菜は人間が食べられる植物をそう呼ぶことからも、無抵抗に近い。ただ、アクを抜いたり調理をしないと食べにくいものが多いので、私の中では半抵抗という位置づけだ。

それらに比べて肉はどうだろう。人に食べられることに対して完全に抵抗を示している印象がある。野生の肉はそもそも危険な食べ物なんだと意識するようになって以来、とくにそう感じるようになった。

あるとき、次男が小学校の調理実習で使う材料の準備をしていた。ハンバーグの付け合わせをどうしようと彼が話しかけてきたとき、横から長男が割り込んできた。「ハンバーグどうやってつくるんだよ、肉なしで」肉なしの意味がわからず尋ねると、ふたりが口を揃えて「肉をあつかえるのは中学校からなの」と言う。なるほどなと思った。

現代人の消化器官では、肉は基本的にそのまま食べられない。寄生虫や細菌、ウイルスのリスクをはらむ生肉は、人間にとってほぼ毒のようなものだからだ。そもそも肉を料理するということは、おいしくなる云々以前に、ヒトが食べても安全なように無毒化する科学的な営為でもある。おふざけ真っ盛りの小学生は生焼けでも〝これくらいいいいじゃん〟と平気で食べてしまいそうで危なっかしい。

肉を無毒化するように手を加え、食べ物に変え、最終的に生きるエネルギーにする。そう考えると料理ってすごい。すてきな魔法みたいに思えてくる。と同時に、肉料理ってめちゃめちゃ危うい行為だなと思うようになってしまった。

実際に、野生肉をもらうようになって気にするようになったのは、まず自分の手に傷がないかどうかだ。血液感染のリスクがないとはいえない。しかも、食べるというのは口から直接体の内部に入れる行為。一歩間違えば文字どおり命取りになる。

鹿や猪を焼肉にするときは、火が通りつつも固くならないギリギリのタイミングに目を光らせているし、じっくり焼くハンバーグや餃子などを途中で人にまかせることはない。料理に今までになかった責任を感じるようになった。道元禅師の『典座《てんぞ》教訓』でもわかるように、禅宗寺院で炊事・供膳をつかさどる典座という役職は、修行の経験に富み、寺院でとりわけ信頼の厚い僧が就くもの。私も、家族の健康な日々の営みのためにつくる野生肉料理を通じて、以前より家族の食事づくりに誇りを持つようになった気がする。

〝肉〟は人を生かしもするし、殺しもする。食が娯楽や快楽といったイメージで埋め尽くされるなかで、こう考えるのは行きすぎだろうか。

野生肉を食べていると話すと、「抗生剤が投与されてない肉だから安心ですね」などと言われることがある。前半については、たしかにそうだ。野生の獣には薬剤が投与される機会などあるはずがない。もっといえば、食べているものだって遺伝子組み換え（GM）飼料どころか、畑を荒らしつつも山の天然物を食べている個体がほとんどだろう。

こういうと聞こえがいいけれど、逆にいえば、どんな病原体を持っているかもわからないし、そもそもどこで何をして、どんなものを食べて生きてきたのかわからない素性不明の獣の肉なのだ。栽培内容や飼育履歴がわかる昨今のトレーサビリティの潮流からすれば、真逆のベクトルにある。そうした状況下で、単純に野生肉のほうが安心といえるかどうかは意見の分かれるところじゃないだろうか。

たとえ薬の投与を受け、GM飼料で育った家畜であったとしても、それは安全を保証する規定の範囲内のもの（であるはず）。原発事故後に多用された言葉のように〝直ちに影響はない〟範囲であれば、飼育状況がわかるそちらを選ぶ人のほうが多いのかもしれない。

いずれにしても、私にとって野生肉は〝安全ではない〟ことを意識させる存在だ。だから料理に力を注ぐ。今の自分には、そのぐらいがちょうどいい気がしている。


数年前、長男が体調を崩して寝込んだことがあった。熱以外に主だった症状はなく、少し咳《せき》をする程度。それなのに、いっこうに治らない。信頼できる医者にも診てもらったけれど、良くなる兆しがないまま10日間が過ぎた。ほとんど食事もとれず、起き上がるのもつらそうで、みるみる痩《や》せていった。

血液検査で肝機能の数値に異常があって再検査となったとき、脳裏をよぎったのは野生肉だ。彼は普通の人とちがうものを食べている。本人の選択ではなく私がつくりあたえているのだ。もしそれが原因で重篤な病に陥ったのだとしたら、私は一生彼に償わなければならない。

そんなふうに思いつめているうちに彼は快方に向かい、次の週に医師からの電話で「マイコプラズマ肺炎の陽性反応が出ました。最初の検査ではまだ反応があらわれなかったんですね」と笑い声が聞こえてきて、腰が砕けるほどホッとした。彼が罹《かか》ったのは肉とは関係のない、小児科でよく耳にする肺炎の一種だった。

それでも、あのときのヒヤリとした恐怖はいまだに忘れられない。ただ怖かっただけじゃない。「食べてもいい」と公認されていないものを食べさせているという後ろめたさが綯《な》い交ぜになっていた。いちばん大切と言っても過言でないわが子を病気にさせ、それに手を下したのは他ならぬ自分なのではないかという、後悔を通り越して己を呪うような罪悪感が取りついて離れなかった。

２０１９年の春、このときの経験をあらためて考えさせられる機会があった。

「コトノネ」という季刊誌の取材で水俣病取材に行ったときのことだ。水俣病は、チッソの水俣工場から排出されたメチル水銀によって中毒症状が引き起こされた病気。ちょうど小学生の次男が公害学習を終えたばかりで、家でも会話したりしていた。けれど、現地を訪れて驚いたのは、補償も救済もされない人が今なお大勢いるということだった。

水俣病と聞いて思い浮かぶ劇症型（痙攣《けいれん》を起こすような症状）だけでなく、実際にはもっとさまざまな症状が重層的に存在していて、また年齢とともに重症化していくという現在のありようも知った。何十年とかけて浮上してきたこの実態は、まさに〝直ちに影響はない〟の続きじゃないかと思ったが、国や行政はその解明に消極的だという。

詳しく聞くと、水俣病の人たちが実際に受けた援助は、「認定」による補償と「被害者」としての救済の二種。ふたつの内容には大きな格差があり、認定患者申請をする人は多いけれど、基準が厳しすぎて多くは棄却されるそうだ。認定されるには〝複数の症状の組み合わせ〟に加えて、〝汚染地区で魚介類を多食したという確認〟が必要なのだという。実態解明の動きが鈍い理由がわかった気がした。

水俣病センター相思社の永野《ながの》三智《みち》さんが言っていた。

「みんな貧しかった。でも目の前の海の魚だけはお腹いっぱい食べられたんです。そうした時代に、たくさん食べた証拠なんて、たくさん買っ

た証拠なんて、領収書なんて持っているはずないんです」

たしかに、行商で魚を売買するのにレシートや領収証があったとは思えない。人々は、生きるためには、魚を食べるしか、売るしかなかった。そのなかで被害者となり、加害者あつかいもされた。想像するに、実際に魚を売った人々は加害意識を持っただろう。自分や家族や子どもが水俣病になって、いちばん苦しかったのはそうした人々だったにちがいない。自分が食べた魚、食べさせた魚によって障害を負った胎児性水俣病、小児性水俣病患者のお母さんたちの気持ちはいかばかりだろうか。想像するだけで胸が潰れそうになる。

水俣で話を聞いた夜、私は野生肉を食べることについて考え込んでしまった。自然に育まれた生き物を食べている点ではわが家も同じだ。どんなに丁寧に料理しても、取りのぞけない毒が残っていたら、同じようなことが起きてしまう。

福島の原発事故後、実際に野生動物から放射性セシウムが検出され、一部地域では狩猟で得た野生肉の食用を控えるよう呼びかけられた。でも、もし危険だと知らされなかったら――。汚染されているという疑いがないうちは、検査もなければ注意喚起もない。私だって、小児性水俣病患者のお母さんたちのような気持ちを味わうときが来ないともかぎらない。そう思うと怖くなった。

けれど、だからといって、リスクを回避するようにスーパーの安心ラベルだけをレシート付きで購入するようになっていいのだろうか。突きつめれば、魚釣りも山菜採りも家庭菜園もすべて無認可で安全を保証できないものということになり、食べ物は余すところなく業者から買うしか手立てがなくなる。それでも私たちは、〝食べ物〟が自然の恵みだと感じられるだろうか。

〝タベモノ〟は〝イキモノ〟

狩猟同行をするようになってはじめて、目で見て、触れて、嗅いで、受け取った情報を手がかりに料理をする機会を得た。おかげで、食は自然との直接的なつながりのなかにあるんだという実感が私の中に充満した。〝タベモノ〟は〝イキモノ〟なのだ。そうした感覚が、ある種の満足感につながった気がする。

いななきながら襲いかかろうとした猪、怯えた鹿の目。猟師に殺されていく獣たちを憐れみつつも、自然界から食を手に入れていくこと自体に、私は喜びを感じていたのかもしれない。残酷な感情だと思うけれど、それは否定しきれない。

ただ、これから先の時代そうした残酷な感情は不要になる可能性もある。そうなれたらいいのかもしれない。わからない。けれど、食が自然と直接的につながっているという肌感覚まで、私は失いたくはない。

　これは先の永野三智さんが、水俣病の患者さんから聞いたという言葉だ。

「水俣病の認定を求める書類で、汚染魚と言って魚を犯人あつかいするのがつらい。汚染したのは人間で、魚だって被害者なのに。戦争が終わって貧しい時代、うちらの命を魚がつないでくれたのに」

　そう話す老人の姿が目の前に見えてくるようだった。きっと、ありがたいと思って食べてきたのだ。食べなければ生きていけない。だから、すまなくて、ありがたい。

　朝のラジオで〝培養肉〟についてのニュースが流れてきた。培養肉とは、動物の一部の幹《かん》細胞を組織培養してつくり出される肉のことだ。衛生管理しやすく安全で、薬剤投与も不要、飼育する必要がないため地球環境にダメージが少なく、屠《と》殺《さつ》する必要もない。つまり、安心ラベルも、環境ラベルも、動物愛護ラベルも貼れる、人間にとってノンストレスの肉というわけだ。アメリカではすでに市場に出まわっており、日本でも店頭に並ぶ日は遠くないのではという話もある。

　食べ物が命ある生き物でなくなったら、私たちはありがたいとは思わなくなるのだろうか。

私たちが希求する食べ物は、生き物である必要はないのだろうか。

そんなことを考えながら、私は今日も台所で肉を捌く。とりあえず今夜の食事をつくるんだから、手を止めるわけにはいかない。

第3章

謎のケモノ使い

犬と猟をする中村さん

近所のおじさんのほかに、もうひとり狩猟同行している猟師さんがいる。

いや、ふたりと言うべきか。彼らとの出会いは、私を思わぬ方向へと向かわせた。

２０１７年10月7日。長崎人にとって特別な〈長崎くんち〉の日。

長崎市では毎年10月の7日、８日、９日と諏訪神社の秋の例大祭・長崎くんちが催される。多くの教会が建ち並び、小ローマと呼ばれるほどキリスト教が盛んだった戦国末期の長崎。その後キリシタン禁制の時代になると教会は壊され、多くの寺社が置かれることになった。なかでも強力な神を呼ぶという目的で諏訪神社が設置されたという。

そうした経緯から、長崎くんちはキリシタン弾圧と関わっているとも言われている。なにせ長崎の町人全員が氏子《うじこ》となり、奉納の演《だ》し物をして練り歩くのだから、ただそれをやっているだけで〝我々はキリシタンじゃない〟というポーズを示していることになる。心の内がそうである人もそうでない人も、非キリシタン一色に見えるというのが巧妙。まるで踏み絵だ。

ただ現代の私からしたら、踏み絵より断然楽しい。オランダ船だの龍踊りだの太鼓山だの、ここには各地から人が集まっているのだと感じられる賑やかな祭り。長崎人の熱狂を見ると、当初の目的や役割が消え去っても、楽しいからこそ現代まで続いているのだと実感する。

この〈おくんち〉を毎年見ているだけだった私が、ひょんなきっかけでいっしょに練り歩くことになった。

〈おくんち〉の1週間前、半農半カフェを営む友人の剛《つよし》くんから電話がかかってきた。彼の飼っている対州馬《たいしゅうば》サトコが神馬《しんめ》として練り歩くことになり、そのようすを撮影してほしいとのこと。サトコを愛してやまない剛くんの頼みとあって、私は姪《めい》っ子の七五三でも撮るような気持ちで引き受けた。

〝対州馬〟とは長崎県の対馬《つしま》で飼育されてきた日本在来の馬だ。日本では明治期から、国策として馬を大きくするため徹底的に洋種馬と交配させてきた歴史がある。そうした大規模な改良の結果、北海道の道産子《どさんこ》に代表されるように、本土から離れた離島などにだけ在来種が残った。対州馬もそのひとつだ。

当日、人混みを掻きわけて諏訪神社に駆け込むと、ちょうど神事がはじまるところだった。いた！　サトコはきらびやかな馬具に身を包み、剛くんは烏帽子《えぼし》を被って、狩装束の人と話していた。ふだんの農夫＆農耕馬風な姿をよく知っているせいか、あまりの見違えっぷりに吹き出しそうになった。笑いを堪《こら》えながら近づくと、サトコの隣に見慣れない馬廻風の男性が立っていた。

「こちら中村さん。動物のあつかいに慣れているから一日サポートしてもらうんですよ」

剛くんはハレの舞台にご機嫌なようすで中村さんを紹介してくれた。神事を控えていたこともあり、私たちは軽く会釈だけ交わした。衣装のせいもあったが、長い髪と髭《ひげ》をたくわえた中村さんの風貌は、本当に現代人ではないような、どこか異質な空気をまとっていた。私と同世代だろうか。正直ちょっと怖かった。

この日の私のミッションは、剛くんの愛馬サトコを撮ること。だから中村さんのことは当初〝サトコの隣にいる人〟としか認識していなかった。ただ、サトコを見ているとおのずと中村さんの存在が感じられた。慣れない場所でストレスがあったのか、サトコは鼻息を荒々しく吹き出す仕草を何度もくり返している。それでも中村さんの隣ではおとなしく、ときおり彼に鼻を寄せている。ひとりと1頭のたたずまいはどこかノスタルジックで、一方で、こうした光景があるのだとはじめて知った。

あちこち練り歩いてみんながひと息ついたとき、「中村さんも狩猟をしてるんですよ」と剛くんが教えてくれた。

「いやあ、まだ最近はじめたばかりで。犬を使って単独猟してます」

即座に、人と犬が山に入っていく姿が目に浮かんだ。知らない猟だ。

狩猟をする同世代に会ったことがなかったのでがぜん興味を惹かれた。どんな人なのだろう。はじめたばかりということは、ほかに自由度の高い仕事をしているのだろうか。

「お仕事は、何をされているんですか」

「猿回ししてます」

え……猿回し!? あの大道芸の?

なんとなく異質な空気と感じたのは、そういうことだったのか。犬や猫じゃない。ペットでもない。家畜でもない。猿で、しかも芸能なのだ。こんどは猿と人のシルエットが浮かび上がった。なんとも魅惑的だ。馬と中村さん、犬と中村さん、猿と中村さん。一気に物語の主人公のような映像が浮かんできて、〝なんだかぞわぞわしてきたゾ〟と思ったとき、サトコがちょっとしたトラブルに遭ってこの日は急遽、強制終了。

私は中村さんとの別れ際に「今度、おうちにうかがわせてください!」と約束を取りつけるのが精一杯だった。

猟犬と猿、爬虫類に烏骨鶏

家族連れで中村さんに会いにいったのは、年が明けてすぐだった。佐賀県嬉野《うれしの》市といえば、嬉野温泉とお茶が有名。温泉側は観光地らしく賑やかだけれど、茶畑のある中村さんの家のほうはずいぶんひっそりとしたところだった。

車を降りると、複数の犬が激しく吠えている声が聞こえた。家屋のあるほうを見上げると、ヤギがこちらをのぞき込んでいる。雄ヤギのようだ。娘と手をつなぎ「〝がらがらどん〟みたいだねえ（絵本『三びきのやぎのがらがらどん』のヤギの名前）」と言いながらヤギに近づいていくと、奥から茶髪のすらりとした女性が「こっちでーす」と手招いてくれた。てっきり奥さんだと思って挨拶すると「いや、スタッフです。よく間違われます」と言う。

「みゆき丸って呼ばれてます。中村といっしょに猿回ししてます」

彼女も狩猟免許を持っており、狩猟にも同行しているのだという。

家の前では、中村さんが犬の赤ちゃんを抱いていた。生まれたばかりでまだ目も開いてない。めちゃくちゃにかわいい。小動物が好きな次男が手を伸ばすと、同時にベージュの犬が近づいてきた。警戒しているようだった。

「この子の母親なんですよ。メイは猟犬です」

「え、猟犬ってオスじゃないんですか？」

「この子ぐらいがちょうどよかったりもするんです。吠えても猪は油断するから、その隙を狙って撃てます。紀州犬と四国犬のミックスなんですよ」

そもそも、なぜ狩猟は日本犬なんだろう。初歩的な質問とは思いつつ中村さんに尋ねてみた。

「洋犬は、いろんな目的に合わせて人間に役立つよう品種改良されてきた背景があって、だから従順すぎるんです。大げさにいえば、主人に命じられたら死ぬまでイノシシとやり合ってしまうこともある。狩猟では、そのときどきに合わせて、マズイと思ったら引いて自分の命を守ったり、そういう加減が必要なんですよ。それができるのが日本犬なんです」

人間に服従しきってしまうのではなく、みずから考えてともに行動するパートナー。中村さんの語る猟犬は魅力的だった。ただ、正直なところよくわからないという感じも拭えなかった。犬を飼ったことのない私には、その言葉を感覚的に理解することは難しい。中村さんの話は、本やマンガやアニメで描かれている犬のイメージの域を出なかった。だからだろうか、見てみたいと思った。

「猿は奥にいますから」案内される途中、玄関前に並ぶ猪の頭蓋骨が目に飛び込んできた。異様な光景だ。心づもりのない人が見たらギョッとするだろう。

隣のガレージのような建屋の奥に、子猿が2匹がいた。猿って不思議だ。子犬もかわいかったけれど、またちがうかわいさがある。末っ子が引き寄せられるように檻に近づく。その後ろ姿を見ながら、ああそうかと思った。人間の赤ちゃんに似てるから特別な感情が湧くのだ。

みゆきさんが檻に近づくと小猿が近寄ってきて、クルッと後ろを向いた。「またナデナデしてほしいと?」と言いながらみゆきさんが背中を撫《な》でると、どことなく満足そうにしている。私も檻に手を当ててみると、こちらにもやってきて背中を向けた。触ってほしい。触れ合っていたい。人間の子どももとなんら変わらない。親近感が込み上げてくる。

その瞬間、別の場所から悲鳴のような鳴き声が聞こえた。

「この中にもう1匹いるんです」

よく見ると、黒い布に覆われた別の檻があった。めちゃめちゃ小さな赤ちゃん猿だった。ちょっとでも布をめくると、怯えて激しくキーキー鳴いた。

「動物園で母親から育児放棄された子なんです」

猿は人間に近いと感じて満たされていたのが、一気に切ない気持ちになった。

そのほかにも、中村さんとみゆきさんは次々に動物たちを紹介してくれた。爬虫類はサバンナモニターとコーンスネーク。世界一大きい犬とされるグレートデンも2頭。そのうちの1頭のケイトちゃんは遺伝子異常で聴力ゼロ、視力も弱いのだそうだ。さらに烏骨鶏《うこっけい》、室内犬のモモちゃん、コタツの中にはアオダイショウまでいた。

わが家は全員圧倒されていた。なぜこんなにたくさんの動物と暮らしているのか。まるでドリトル先生だ。しかも話を聞いていると、ただ動物好きで集めているというのではなく、行き場のない子たちを引き取ったケースも多い。「ムツゴロウ動物王国」的ではあるけれど、このふたりは文筆家でもなければ、動物学者でもない。猿に芸をさせ、犬とともに猪を狩りながら暮らしているようだ。頭が混乱してきた。いや、たしかに一貫して動物に関わった暮らしをしている。ただ、動物を守って養う一方で、動物を殺しにもいくわけだ。

「なぜ猟をはじめたんですか」

「最初は猿が欲しくって、猿を捕獲するために狩猟免許を取ろうと思ったんですよ。結局、そこで猿は獲っちゃいけないことを知ったんですけどね」

「なぜ、こんなにいろいろ飼ってるんですか」

「動物好きだからです」

猿が欲しい。動物といたい。そんな感情を当然のように持っているふたりに、私の〝なぜ〟という問いは無意味だ。私が知りたいと思っていることは、彼らの口からは聞けない気がした。動物たちへの興味と、このふたりへの興味が入り混じっていく。

「こんど、狩猟に同行させてください」

中村さんの家の前は獣の匂いが充満していた。いつもなら、すぐに嫌悪感を覚えたはず。ペットと暮らしたことのない私は、動物の匂いに敏感だ。けれど、このときはなぜかその匂いが嫌ではなかった。中村さんがまとっている独特な空気と相まって、どこか神秘的な匂いにも感じられた。中村さんがそこにいたからだ。魔法使いならぬケモノ使い。そんなふうに思えて、惹かれる気持ちのほうが勝《まさ》っていたせいかもしれない。

帰途、嬉野の大衆食堂に立ち寄って、ちゃんぽんを食べた。

長男が「すごいね。あんな人はじめて会った」と言い、次男は「子犬かわいかった〜」と笑っている。夫は「みゆきさん、手首にタトゥーがあったね」と意味ありげなことを言う。娘は「なかむらさんは、いいオニなの?」と真顔で訊いてきた。

みなそれぞれに、あのふたりの不思議な空気を感じ取っていたようだ。

犬を使った猟に同行する

はじめて行く中村さんとの猟当日、私はすごく緊張していた。おじさんの猟についていくときも派手な色の服を心がけているけれど、この日は帽子の色までいつも以上に気づかって、オレンジのキャップをかぶった。いつだったかおじさんの発した「人はかならず間違える」という言葉が頭に残っていたからだ。罠猟しか知らない私は、獣への警戒心だけでなく、銃への警戒心も少なからずいだいていた。

中村さんの家に到着すると、こないだの赤ちゃんたちがすっかり子犬になっていた。奥ではメイちゃんが軽トラの荷台に乗せられるところだった。子犬たちからお母さんを離してしまっていいのだろうか。

「メイちゃんを連れていくんですか⁉」

「授乳もあって、ここ数カ月は猟を休んでいたんですが、復帰させます」

なんだか職場復帰するお母さんみたいだな。そろそろ保育園に子どもを預けて仕事に出かけてもいいかな、みたいな。犬の場合は乳離れが〝仕事復帰〟の目安なのだろうか。

「じゃあ、後ろついてきてください」みゆきさんに声をかけられ、自分の車に乗り込んだ。

どんなところで、どんなふうに犬と猟をするのか。まったく想像がつかないまま、私は中村さんたちの軽トラを追いかけた。ぐんぐん登っていくが、なかなか山の中には入れない。中腹まで段々畑になった茶畑が続くからだ。曲がりくねった道に次から次へとあらわれる茶畑、また茶畑。同じところをぐるぐる回っているような錯覚に陥ってしまう。

ようやく茶畑が途切れ山道に入った。軽トラが止まり、みゆきさんがメイちゃんを放つ。荷台のケージから飛び降りたメイちゃんは、すぐさま鼻を地面に這わせた。すごい、任務を理解している。匂いを嗅ぐ姿は、働く母さんだった。

メイちゃんのようすから猪はあたりにいないと判断したのか、中村さんはすぐに軽トラのハンドルを握り、山道を登っていく。わかったと言わんばかりに、メイちゃんも車を追い、駆け上がっていく。メイちゃんが木々の間をすり抜け山の起伏に飛び込んでいくと、中村さんたちも車から降りた。メイちゃんが中村さんのところに駆け寄る。顔をひと通り撫でてもらうとまた駆け出していった。と思ったら、何かを嗅ぎ取ったのか、急に猛スピードで走りはじめた。

ふいに、グッときた。なんだろう。犬が走るのは当然だけど、こんなふうに山を駆けていく姿を目にするのははじめてだった。本気の疾走。ダイナミックに全身を跳躍させて走るようすは、はっとするほど生き生きとして見えた。いや、ふだん目にしている犬が生き生きしてないというわけではない。ただ、これが犬本来の姿かと思わせるものがあった。ひと目惚れみたいにドキドキする。

メイちゃんは山の中へ入っていき、あっという間に見えなくなった。中村さんはGPS機器らしきものを取り出し、画面を見ながら「100メートル……200メートル……」とつぶやく。みゆきさんは耳を澄ましている。私も真似して耳を澄ます。いっそのこと目をつぶってしまおう。見えないほうが聞こえそうな気がした。いつもは見えることがすべての私にとって、なんとも不思議な感覚だった。目をつぶると、宙に浮かんで山を俯瞰《ふかん》で見ているような気分になった。自分はここにいて、メイちゃんはあそこから奥へ入っていった。そうした鳥瞰図のようなイメージが真っ暗の中にぼんやり浮かんできた。私たちは、音を待っている。

私の鳥瞰図にあるのは、中村さんと、みゆきさんと、犬と、そしてどこかにいるかもしれない猪。この山のどこかで今にも、犬と猪が出会うかもしれない。そんなライブ感と張りつめた空気。おじさんとの罠猟とは別物だ。メイちゃんが山を駆ける姿が頭から離れなかったせいだろうか、ハッハッという彼女の息づかいがずっと聞こえている気がした。

と、ザザッという音。何かが猛スピードでこちらに向かってくる。咄嗟《とっさ》に身構えると、メイちゃんが戻ってきただけだった。慣れたようすでメイちゃんの頭を撫でる中村さんとみゆきさんを眺めながら、私は笑ってしまった。おかしかったわけじゃない。ホッとしたのだ。

中村さんの猟の全貌はまだ全然わからないけれど、その一部に取りついた気がした。それにしても、この人と犬の関係はなんだろう。ここまでの一連のことが、事前になんらのやりとりもなく当然のように展開された。

いちいち驚いてしまうのは、私が犬を飼ったことがないからだろうか。

仮に、ここまでは型どおりの偵察、捜索にすぎなかったとしても、いざ猪と遭遇したらメイちゃんと中村さんは状況に合わせて立ち回ることになるだろう。そんな濃《こま》やかな意思疎通ができるのか。

そもそも、どうやって猟犬になるのだろうか。

肉を食べないみゆきさん

次に訪れたとき、子犬たちはまた大きくなっていた。成長の速さに驚く。

軽トラのほうを見ると、中村さんが銃を荷台に乗せながら犬たちを見まわしていた。激しく吠えはじめる。なんだろうと見ると、犬のほうも中村さんを注視しているではないか。中村さんがおもむろに犬小屋に近づき、少し小柄な茶色の1頭の首に発信機らしきものをつけはじめた。そうか、これはどの犬がその日の相棒に選ばれるかという儀式なんだ。それで、みんなが「俺を（私を）選んで！」と吠えていたのだ。

そう勝手に納得していたら、中村さんはさらに3頭の犬に発信機をつけはじめた。ん？ 4頭も連れていくの!? 前回とはちがう猟になりそうだ。

この日は山の南斜面から登り、稜線に沿って歩いた。南斜面を狙う理由は、猪はあたたかな藪《やぶ》で昼寝をしたりくつろいでいることが多いからだという。〝猪がどこを通るか〟という未来予測の罠猟とはちがい、〝今どこで何をしているか〟を考えるリアルタイムの猟ならではの作戦だ。稜線を歩くのにも理由がある。すべての斜面から吹き上がってくる風を感知できるから、匂いを嗅ぎとりやすいのだという。

泥浴びした形跡のあるヌタ場や、木に擦り付けられた泥、鼻先で地面を掘り返した土の乾き具合などを手掛かりに、行動を推測しながら山を歩くことで、ジリジリと距離を縮めていく。見つけるおもしろさと出会う怖さの合わせ鏡。

覚えのある感覚だと思った。なんだっけ、これ。思い出した。「かくれんぼ」と「鬼ごっこ」を合体させた「かくれ鬼」だ。小学生のころによくやった懐かしい外遊び。鬼側は転ばせてでも捕まえてやるという気迫があったし、逃げる側も鬼に見つかる瞬間は遊びとは思えないほどの恐怖を感じていた。悲鳴が響くほどエキサイトしていたのは、本能に裏打ちされた遊びだったからだろう。よく覚えているのは、捕まって自分が鬼になったとき、拍子抜けするほど気持ちがラクになることだ。あれほど恐れていたにもかかわらず。

いま思えば、捕まった瞬間に立場が入れ替わるからにすぎないのだけれど、〝逃げる〟〝追う〟という単純な構造上、このゲームの支配者は鬼だったのだと気づかされる。今の私たちは鬼の気分でいるのかもしれないけれど、おじさんが手負いの猪に襲われたのと同じく、ここでも立場の逆転が起こる可能性はある。

実際に後日、私とみゆきさんは猪に追いかけられて逃げ出す目に遭った。大事には至らなかったけれど、丸腰で獣と遭遇するのは怖い。でも、その可能性があることが、ある種の遊戯性を高めてもいた。

今日はもうあきらめて帰ろうかというタイミングで、3頭の犬がとつぜん猛スピードで駆け出した。あきらかに殺気だっていたから、鈍感な私にもわかった。猪の匂いを嗅ぎとったのだ。急いで追うも、見つけた獲物は大きな崖の上にいて、犬たちは下から吠えることしかできない。

私の頭の中は完全に「かくれ鬼」状態で、〝ああ、今日は鬼の負けかあ〟と夕方家に帰る時間になった子どものような気持ちだった。

そういえば、今日はなぜ4頭も連れていったのだろう。帰り際に尋ねてみた。

「この茶色いのは虎鉄《こてつ》っていいます。いちばん経験があるから、ほかの犬たちにも猟を覚えてもらうために、いっしょに連れてきたんです」

なるほど、最初から猟犬ではなく、猟犬になっていくものなのか。人が教え込む〝しつけ〟ともちがうのが興味深い。犬から犬へと伝わるというのは、やはり真似るということなのだろう。それに加え、人間、山、そして獲物でもあり敵でもある猪からも学んでいく。理想的なありように聞こえた。

「でもリスクも大きいです。とくに猪と対峙しているときの引き際は、危ない経験を積んではじめて判断できるようになる。一歩間違えたらやられてしまう可能性もあるんで」

「リスクを避けるための訓練方法というのはあるんですか」

「猟犬の訓練所というのがあります。そこに連れていって訓練を受けて、俺自身も猟犬の育て方をそこで教わってきたり。だけど、そこにいる獲物役の猪は、実際に山でやりあう野生の猪とはちがうから、やっぱり実践の経験をしていくしかない。俺にとっても、一回一回の猟の成功も大事だけど、いつでも並行して育てることをしておかないとダメなんです。そうでないと、いつかその犬がダメになったとき、猟ができなくなってしまうから……」

いつでも猟に出られる犬を確保しておくというのは、猟師なのだから当然のこと。ただ、猟犬と人との関係を目の当たりにして、互いを信じなければ成立しない絆で結ばれていることを思うと、中村さんの言葉に含まれる厳しい現実が胸に刺さる。

〝その犬がダメになったとき〟をつねに考えている、ということだ。

動物好きには相当つらいことだろうと想像してしまう。中村さんは動物好きではないのだろうか？　それとも、人一倍つらくても、動物とともに生きる暮らしを選ぶ気持ちのほうが勝るのか。わからないままに頭の中でグルグル考えていると、みゆきさんが言った。

「私は犬が心配で猟についてきている部分が大きいです。あの子たちに何かあったらって考えると怖い。本当は猪を殺すのも好きじゃない。そもそも私は動物の肉も食べないですから」

「え？　猟師なのに肉を食べない？　じゃあ、なぜいっしょに狩猟するんですか」

「この子たちに肉を食べさせるためです」
みゆきさんは、犬たちのお母さんみたいに言った。

人と犬と人

反射的に「ああ、そうですか」と返事をしつつ、頭の中では〝どうして？〟が渦巻いていた。犬にエサをやるため。うん、一見筋が通っていそうに聞こえる。でも、それってまるで親鳥が雛《ひな》に虫を持ち帰るような、母ライオンが狩った獲物を子に食べさせるような発想じゃないか。

みゆきさんの腕のタトゥーが目に入った。犬のイラストが彫ってある。もう片方の腕には〝Kate《ケイト》〟と描かれている。隣の小屋にいる目と耳が不自由なグレートデンのことだろう。なぜ犬の絵を？　名前を彫るほどの存在ってなんなのだろう。触れていい話題なのかわからず、踏み込めない。

それ以来ときどき中村さんたちの猟にお邪魔するようになった。同じ狩猟者とはいえ、おじさんと中村さんとでは、猟法も、猟師としてのあり方もまったく異なる。70歳を超えた今も2

日に一度の狩猟を欠かさないおじさんの現役感には圧倒されるものがある。とはいえ、本腰を入れて猟師になったのは定年退職後。一方で、私と同世代の中村さんは猟師と猿回しを生業に生きていこうとしている。余生ではない。人生をこれで埋め尽くそうとしている。そんなことができるのか？　私なんかはそう思ってしまうが、中村さんは本気だ。

茶畑と耕作放棄地が織りなすまだら模様の斜面を、中村さんの軽トラが登っていく。追いかける私も、風を切ってぐんぐんと高度を上げていくのが気持ちいい。お茶は標高の高い場所で栽培されるため、茶畑はかなり上まで続いている。段々になった茶畑がカーブを曲がるたび視界に飛び込んでくる。これは茶摘み作業が大変だろうなあと思う。でも、昔話に出てくるようなこの風景が私は大好きだ。まるで隠れ里のような静けさがある。キリシタン関連の史跡が多い土地だから、実際にそうだったのかもしれない。

あと数段茶畑が残るというあたりで車を止め、中村さんが荷台のケージを開いて犬を放った。犬たちは、当然というように周囲を嗅ぎ回りながら駆け上っていく。中村さんは運転席に戻るとふたたび軽トラを走らせた。

この光景が不思議でたまらない。中村さんはイルカショーのような合図も出さなければ、意思疎通する素振りも見せないのだ。はじかれたように自動操縦的に動き出す犬たちを見ていると、じつは彼の一部なんじゃないかとすら思えてくる。といっても、AIロボットのような無機質さとは真逆だ。彼らが走る姿は生命力と躍動感にあふれている。

茶畑が尽きたあたりで私たちも車から降りる。猪がいるのは山の中だ。便利な乗り物は置いて、自分の足で歩くしかない。

ひとたび山に入ると縦横に疾走する犬のようすに、やはり獣なのだと実感させられる。その姿はまさに圧巻というほかない。一方で私は、起伏と凹凸だらけのはじめての山肌で、次の足をどこに着地させようかと、グラグラしながら一歩ずつ歩いている。そりゃそうだ。二本しかない足で、地面から垂直に立って歩いているんだからバカみたいだ。安定感のある四つの脚で、這うような姿勢で進む獣たちとはまるでちがう。

〝四つ足〟とは獣への蔑《さげす》みをあらわす差別言葉だけれど、自由自在に駆けていく姿を見ていると、その〝四つ足〟がうらやましく思えてくる。あんなふうに山の中を風のように駆け回れたら、どんな気分だろう。急斜面を登るときは、私も犬に倣《なら》って這うように進んでいく。地面に顔が近づき、土や落ち葉の匂いが鼻孔を通ってくるのを密かに楽しみながら。

犬の鼻にも憧れる。体のもっとも先端にある鼻を、さらに突き出すようにして嗅ぐ。受け取った匂いと視線が連動しているのだろう、匂いとその来し方を見ているかのようにその視線は宙に向けられている。私には見えないものを見ている。彼らを見つめている私は、完全に羨望の眼差しだ。

人と暮らし、人といっしょに狩りをする犬たちは〝こちら側〟という意識でいたけれど、生き物としては完全に〝あちら側〟なんだな。ほかの山の獣たちと変わらない。余すことなく体に蓄えられたエネルギーを発揮させる犬の姿に、そう実感した。

人間にない能力を利用するのが狩猟に犬を使う理由だ。それはわかる。ただ、ひとたび山に入るとこんなに無力になってしまう人間に、犬がよく従ってくれるものだなと思ってしまう。銃という強い道具を持っているからか？ それとも心が通じ合っているとか？

中村さんに問うと、「信頼関係は大きいですね。信頼がなければ犬は飼い主のいうことは聞かなくなります」と言う。

「猟犬が人間を襲ったという報道がたまにあり

ますけど、あれは人間との関係が原因ということですか」

「そうです。ただ親しければいい、というものでもなくて。犬に認められる飼い主でないと」

言われてみれば、中村さんと猟犬たちの間に〝ペットと飼い主〟という感じはない。かわいがられてもいるし、親しい関係であることは間違いない。ただ、どこか緊張感が漂っている。比較対象としてみゆきさんがいるから、見ていてそれがわかる。みゆきさんと犬たちも同じように親しい関係だけれど、中村さんとの間に感じられるピリピリした空気はない。この微妙なちがいは意図的につくり出せるものなのだろうか。

ウリ坊の死と生理になった猟犬

いくつかのポイントを探るも猪は見つからず、この日最後の場所に車で向かう途中、中村さんがまた犬を放った。はじめは軽トラのスピードに合わせ山道を低速で走っていた犬たちが、急にいっせいに駆け出した。嗅ぎ取ったのか！　中村さんたちの軽トラが犬たちを追いスピードをあげる。茶畑が終わる山との境目に、犬たちがぐんぐん分け入っていく。

すばやく車を降りてエンジンを切った中村さんが箱から銃を取り出すのと同時に、私もカメラを手に持った。静けさを聴くように耳を澄ます。

「ワン、ワン!」「ギューギュー!」

みゆきさんが「ウリ坊!」と叫ぶと同時に中村さんが走り出した。私も後を追う。犬と獣の声のするほうへ。変な音だった。あれがウリ坊の声!? 駆けつけると、犬たちが小さなウリ坊に噛みついていた。

中村さんがナイフを取り出した。犬たちに離れるよううながしてかがみ込むと、サクッと頸動脈を切る。血がビュッと噴き出た。中村さんは犬たちを制してウリ坊の足を片手でつかみ上げると、即座に軽トラのほうへと歩いていった。展開の速さに追いつけない。あわてて軽トラまで戻ると、さっきのウリ坊が荷台に横たえられていた。すでに絶命していた。なんて小さいのだろう。でも、憐れみの感情はあまり湧かなかった。

おじさんの猟では、かならず生きた獣と対峙する時間がある。しかし、今回は犬たちが先に噛みついていたので、ちゃんと対峙できる場面はなかった。というより、犬と猪が出会う瞬間に私が間に合わなかったのだ。〝見られなかった〟という気持ちが、見たかったと思っている自分を浮かび上がらせた。生きた姿を見て、死んでいく姿を見るから、憐れみの感情が強まるのかもしれない。ウリ坊の死に感情が動かなかった理由はそこにある気がした。

このぶんだと、銃で撃つときも一瞬の出来事だろう。中村さんの猟は、獣をその場にずっととどまらせることができる罠猟とはちがう。だから、ひとたび見つけたら殺すまでに余計な時間はかけられない。一瞬を逃せば、獲物が逃げてしまう。つまり、犬や中村さんのスピードに追いつけなければ、彼らが獣を直接狩っている姿を私は見ることができない。まず、犬に追いつくことは物理的に不可能だ。では中村さんについていけば、見られるのだろうか。

「かなり難しいと思います。銃を構えながら瞬時に判断するから、そばにいると本当に危ないですし、『猟の邪魔にならないよう、ここで待っててください』と言っちゃいそうです。よっぽどいい状況に恵まれたらチャンスはあるかもしれませんが、可能性は低いかな」

やはり——。残念に思ったけれど、ハッキリ話す中村さんを信頼する気持ちにもなった。私がいることで銃の引き金が引けなくなる可能性がある。万が一にも私が怪我をしないようにという配慮もあるだろう。実際みゆきさんもふだんは待機役で、仕留めた後で現場へ向かう。

獣たちを追う山の中には、下界のように〈キケン立入禁止〉という標識が立っているわけでもなければ、誰もが赤信号で止まるようなルールもない。山は獣だけでなく、ほかの猟師が入り込む可能性もゼロじゃないことを考えると、危険を察知できる中村さんに従うしかない。ただ、猟の核心をこの目で見られなくても、私は中村さんのところに通いつづけるのだろうか。気持ちが揺れはじめた。

じつは、中村さんの猟の一部は、スマホやパソコンで誰でも見ることができる。猟のあいだ中村さんの頭部についているのは動画撮影用のカメラで、撮影した自分の猟のあらましをYouTubeにアップしているのだ。そういうところも含めて、私にとって中村さんは今という時代に生きる狩猟者を体現している存在だった。

「どんな猟をしているか知ってもらえるし、見る人の反応も興味深いです」

狩猟に関心を寄せる人は多く、彼の動画チャンネルに登録する人の数も増えているという。このカメラが中村さんの目線を撮り、みゆきさんのスマホが狩猟中の中村さんの姿を撮影する。ユーチューバーが職業になりうる時代ならではだ。

帰ろうとして、メイちゃんを荷台に乗せたみゆきさんが気づいた。

「あれ？　メイが出血してる」

「こないだ縫合した傷、また開いてるのかな」

メイちゃんは少し前、猪にやられて怪我を負ったのだ。

と、毛の間の傷跡を確認しようと後脚をのぞき込んだみゆきさんが声を上げた。

「いやちがう！　傷じゃない、生理だ！」

すると、中村さんが顔をほころばせて言った。

「わあ〜。メイ、おめでとう！　そっか、それで虎鉄がメイの後ろを追ってたのか」

メイちゃんの体をうれしげにポンポン叩く。

私は意味がわからず、なぜ「おめでとう」なのかを尋ねた。

「生理がくれば交尾期なんです。雌犬は年に2回あるんですけど、メイはこないだの出産後はじめての生理。つまり、これでまた妊娠できる体になったってことです」

中村さんが屈託のない笑顔で答えてくれた。なんだか変な感じがした。こんなふうに喜べることなのか？　動物が妊娠するって、普通なら〝困る〟ことなんじゃなかったっけ。

ペットを飼っている友人が去勢やら避妊手術の話をよくしていたから、刷り込みのようにそう思い込んでいた。ペットにかぎらず人間だって〝妊娠〟はセンシティブな問題。育てる義務や責任が生じるから、誰もが両手《もろて》を上げて喜べるものでもない。

けれど、中村さんの笑顔からはそういう不安や葛藤が微塵も感じられない。考えてみれば、それもそうか。つねに現役で活躍できる猟犬を確保していなければ、猟自体ができなくなる。猟犬としての血統を継がせる考えもあるはずだ。だから、妊娠できる犬は大事なのだろう。こんなふうに中村さんに喜んでもらえるメイちゃんって、なんだかいいなと思った。

おじさんの罠猟はすべての行為が山という猟場で完結していたけれど、中村さんの場合は、生活そのものが猟と密接につながっていて、お互いに不可分なのだ。

中村さんの家に戻ると、ふたりはウリ坊の解体準備をはじめた。

こんな小さい猪でも捌くんだ。そう思ったのは、私が猪を〝人が食べる肉〟としか見ていないからだった。ここではちがう意味を持っていた。

腹出しして出てきたのは、見たこともない小さな心臓だった。ウリ坊のサイズから、人間の赤ちゃんもきっと心臓はこれぐらいだろうかと想像して、胸が痛んだ。台所で心臓を切りながら、つい自分の心臓を連想して比較するのがクセになってしまっていたせいだ。

小さな心臓はさらに小さく切り分けられ、山に入った猟犬たちにあたえられた。ご褒美とも儀式ともつかないこの饗応を、犬たちは喜んでいるみたいだった。

「少なくてもエサにはなりますね」と私が言うと、

「猪を食べさせるのは、これが獲物だと教える意味もあるんです。だから、ほかの小動物なんかは食べさせない。食べた相手を自分が追うべき獲物だと思っちゃうと困るので」

なるほど。この犬たちは猪を食べている。それが〝お腹を満たす〟ためだけではなく、〝猟犬になっていく〟ことにも役立っているのか。犬たちが心配だから猟についていくというみゆきさんにとっては、中村さんの考えは真逆のベクトルのようだけれど、獲物を得るという目的だけは一致していた。

好きすぎて暴力をふるう息子

それにしても、明るい日差しが降りそそぐ民家の玄関先で、男女ふたりが小さなウリ坊を解体している姿は、ちょっとした異様さを呈している。

このふたりは、なぜこのふたりになったのか。問う言葉が見つからない。

よくわからない。だから撮りにいく。

私にはそれしか能がない。猟犬を使った狩猟は、おじさんの括り罠猟とのちがいもあって新鮮だ。あたらしい発見に満ちている。ただ、中村さんとみゆきさんについては、〝わかる〟ことがあまりない。いや、そこはわからなくてもいいのかも、と思うのだけれど、彼ら自身と彼らの猟はきっと無関係ではない気がして、関心を寄せてしまう。

「ええと、おふたりはどこで出会ったんですか?」

口に出して気づいた。まるで馴れ初めを聞いてるみたいじゃないか。

「私より先に、息子が中村に会ってたんです」

「ええ!? みゆきさん子どもがいるんですか」

驚いた。結婚してパートナーがいることは知っていたけれど、今までお子さんの話を聞いたことが一度もなかったから。

「プラダー・ウィリー症候群の子で、もう21歳です」

プラダー・ウィリー症候群——何かで読んだことがある。たしか食べても食べても空腹が満たされない病気だったか……。

「自閉症もあって。でも、コミュニケーションはとれるし、おもしろい子なんですよ。ただ、感情抑制できないところがあって。暴力がひどくなってからは施設に入所したんですけど、みんなお手上げの暴れ方でした。そんな息子が唯一言うことをきいたのが当時施設のスタッフだった中村なんです。お互い同じ乗馬クラブに出入りしてた接点もあって、息子が『ママも中村さんと仲良くなって』って言うんですよ。それで話すようになったんです」

話の意外な展開に、呆気にとられた。いや、でも……なんだかスッキリしない。「仲良くなるよう勧められたから」だなんて。そんな神様か占い師のお告げみたいな答えでは、このふたりがいっしょにいる説明がつかない。よけいモヤモヤしてきた。そもそも出会わせた張本人の息子さんは今ここにいないし。

「で、その息子さんは今どこに？」

「病院に入院してます。月に1回しか会えないんです。私に会うと乱れるから。好きすぎて暴力になるんです」
好きすぎて暴力――。印象的なその言葉を頭の中で反芻したところで私はまた言葉を失い、会話が途切れた。プライベートなことも奥が深そうで、どこまで聞いていいのかわからない、という気持ちもあった。

山に飛び交う非言語コミュニケーション

猟の最中はいつも中村さんの少し後ろを歩いていく。私の見ている風景は、中村さんの見ている風景とさほど変わらないはずなのだが、やはり猟師の目はちがう。括り罠猟のおじさんとはまた異なる風景を彼は見ている。たった今まで笑って話していたのに、サッと真顔になって走り出すということがよくある。〝ん、何を察知した？〟と私はポカン顔だ。

何度目かの狩猟同行で、山の中を走る犬たちを稜線から見下ろしていると、ほんのわずか彼らが早足になった、気がした。私にはその程度にしか感じられなかったが、中村さんが目で合図するようにみゆきさんを振り返り、滑るように急斜面へ飛び出していったことで、それが

〝情報〟なのだと気づいた。中村さんは眼が抜群にいい。左右とも裸眼で2・0。この視力で、犬たちの目線や鼻や耳のちょっとした動きなどから非言語な情報を受け取っているのだった。

人間に感知できないことを犬から受けとる。それがこの猟の特長だ。犬の感知をどこまで自分のものにできるかで猟の成果が決まる。中村さんがここのところ捕獲頭数をぐんぐん上げているのは、犬を媒介にして山で起きていることを自分のものにしているからだろう。

これまで犬と過ごしたことのない私は、犬は吠えることで人とコミュニケーションをとるとばかり思っていた。何かを知らせるときは、きっと音声で伝えるものだろうと。だから中村さんたちの猟にはじめて参加したとき、犬たちがまったく吠えないことに驚いた。私にはそれが〝無言〟に思えたからだ。いま思えば、それは言語に頼りまくって生きている私の勘違いだった。コミュニケーションは音声だけではないし、そもそも吠えないことには意味があった。吠えることが重要かつ絶対的な合図だからこそ、必要なとき以外に吠えてしまえばその意味を失ってしまう。中村さんの犬が吠えるのは、獲物を足止めしながら、離れたところにいる主人を呼ぶときだけ。だからこそ、その緊急性ごと確実に伝わる。

おもしろいなと思うのは、犬のほうも中村さんの考えをわかっているように見えることだ。犬も中村さんを観察して何かを受け取っているのだろうか。人間の眼は、視線の動きが目立つよう進化したと何かで読んだことがある。こんなに面積の大きな白目があるのは人間だけだとか。実際はどうなのかわからないけれど、目の動きや緊張感といったものから人間の考えていることを犬たちが察知しているのだとしたら、山では私の知らないところで膨大な情報が交換されていたことになる。

少し前に、〝猫がニャーニャー鳴くのは人間の前だけ〟という話がNHKのテレビ番組「チコちゃんに叱られる！」で取り上げられ話題になった。同じように、犬がワンワンと吠えるようになったのも人間との関わりからきているといわれる。犬の祖先の狼はワンワン吠えたりしない。仲間を呼んだり警戒を知らせる遠吠えはよく知られるとおりだが、チームで獲物を狩るときは吠えたりしないという。近距離において〝吠える〟コミュニケーションは必要ないのだろう。

そうした世界を想像したとき、人間どうしが目の前でペチャクチャ、しかも膨大な言語を操ってコミュニケーションしている風景が逆に奇妙にも思えてくる。これまで当たり前のように言語のほうが精度が高い気がしていたけれど、はたして情報量が多いのはどちらだろうか。毎週休日に、夫と思春期真っただ中の長男が朝からぶっ放している日曜討論（お互い理論的に言い募るほどこじれていく）を思い浮かべてしまった。

言語を持たない赤ちゃんとのコミュニケーションを思い出す。そこには、よく観察することと、こちらも全身で伝えること、しかない。〝機嫌〟と〝体調〟と〝うんち〟が観察のチェックポイントだ。幼児になって言葉を話すようになっても、まだ学習途上期。やはり観察と推理が欠かせない。そのまま聞くだけでは、なんのこっちゃわからないことも、観察と推理でだいたい理解できる。この非言語コミュニケーションを支えているのは、経験によるスキルだ。

私自身あんなに育児に一生懸命だった長男のときよりも、いま思い切り手抜きをしている末娘の言いたいことのほうが難なくわかる。おそらく保育園や幼稚園の先生なんかは、子どもに特化した非言語コミュニケーション能力が相当高いはずだ。

中村さんと猟犬の関係も同じなのではないだろうか。狩猟歴は浅くとも、多くの動物たちと暮らし、さらに馬や牛など動物に関わる仕事をしてきたという背景が、そのまま動物とコミュニケーションするスキルにつながっているのかもしれない。

発達心理学者のエリク・H・エリクソンは、人間は0〜1歳半のあいだが、人（親）に対して〝基本的信頼〟を持てるようになる重要な時期だと言っている。まさに非言語コミュニケーションが盛んな年代だ。逆説的ではあるけれど、非言語コミュニケーションの中にこそ、信頼や愛着に関わる情報がふんだんに交感、交信されているのかもしれない。

犬がワンワンと吠えるのは、狼から分化して人間社会に加わったから。では、そのころの人間は今より非言語コミュニケーションが盛んだったんだろうか——。中村さんと犬たちの猟を見ていると、そんな想像まで膨らんでくる。頭の中をぐるぐる掻き混ぜてくれる彼らの景色が、私は好きでたまらない。それが見たくて通いつづけているようなものだ。

メメント・モリ

あの日は獲れそうな雰囲気があった。

3つのポイントで空振ったあと、山中深くまで分け入った犬を車中でGPSの画面を見て探しながら、たまたまたどり着いた場所で中村さんがニヤリとした。「ここは絶対いる」見わたすと、ヌタ場も藪もある一帯。見通しも悪くない。中村さんはその場で虎鉄くん1頭だけを放った。複数の犬を行かせたほうが勢力は増すけれど、そのぶん統制が難しくなるという。軽トラのケージから出た虎鉄くんは、地面に飛び降りると同時に鼻を地面につけ、迷わず稜線に沿って奥へと向かいはじめた。中村さんが銃をかついでその後を追う。

私はみゆきさんと残った。耳を澄ませ、音を待つ。ふだんの生活にはまったくない行為だ。野鳥の声と、樹々が風で軋《きし》む音との隙間を掻き分けるように音を探す。一瞬、喧騒のような音が遠くで聞こえた気がした。その直後、正午を告げるのどかなチャイムが町のほうから流れてきて、勘違いだったかと思っていたら、

「獲った。そのまままっすぐ来て！」

中村さんからの無線。静まりかえった山の中で、場の空気にそぐわない大音量が響いた。

現場に近づくと、土や木に付着した鮮やかな血痕に目がとまった。私はあたりを見まわしながら、ここで起きたであろう展開を想像した。ここで撃たれてあっちへ転がったのか……？　すると、目線の先で虎鉄くんが猪に噛みついていた。まるまるとしたメスの成獣。近づいて見ると、その瞳はまだキラキラと紺色に光ってはいたが、死んだ目だった。やはり、憐れみの感情はあまり湧いてこない。

「即死ですか？」

「はい、一発でした。即死だったと思います」

中村さんは答えると、頭に付けていた録画カメラの映像を見せてくれた。つい数分前のことだけに画面から流れ出すリアリティがすごい。

虎鉄くんの激しく吠える声。それを頼りに中村さんが急いで向かう。まだ目視できない。一瞬、木々の隙間の向こうに絡まり合う2頭の獣が見えた。虎鉄くんが猪に噛みついて足止めしている。次の刹那《せつな》、虎鉄くんがサッと離れた。樹々の隙間から猪がこちら（中村さん）を見た。突進してくる！　ドキッとした瞬間、ドーーーン！　爆音と衝撃とともに煙が出て、目を凝らすと画面の中央に猪が倒れていた。弾が木々の狭い隙間を通り抜けて、まっすぐ猪に到達したことがよくわかる。あざやか。生き物を殺すようすをあらわすには不適切な言葉かもしれないけれど、そう感じた。

虎鉄くんにとっても、わずかな見誤りやタイミングのズレで命を落とす危険性があった。そう考えると、お互いに一瞬の迷いもなかったはず。単なる非言語コミュニケーションの成果だけではないような、人と犬が別の個体とは思えない何かがあった。この一体感は何なのだろう。

動物との親和性で頭に浮かぶことがある。自閉症や知的障害のある人たちだ。

「自閉症を持つ人は、動物が考えるように考えることができる」

自身も自閉症で動物学者のテンプル・グランディンの言葉が思い出された。

けれど、中村さんは（変わり者ではあるけれど）自閉症でもなければ知的障害者でもない。ただ、みゆきさんの息子さんが大暴れしたとき、唯一彼を落ち着かせることができたのは中村さんだったという話は、どこか引っかかりのあるものだった。中村さんはこの両者との親和性を持っている。どういう訳かはわからないが、それは事実としてあるのだ。

中村さんのカメラに映っていた光景は、たしかに生きている状態から死んでいくまでだったはず。それなのに、憐みの感情はやっぱりあまり湧かなかった。映像によるリプレイだったからだろうか。いま自分の目の前に横たわっている猪が死んでいくシーンなのだから、臨場感は十分にあったはずなのに。

死をもっとも恐れる生き物は人間なのかもしれないなと思う。人間は想像する生き物だけに、一生知ることのできない死を、一生想像せずにはいられない。おじさんとの猟で、罠に掛かった獣と対峙して〝あれが自分だったら、息子だったら……〟と立場を入れ替えてしまう私などはいい例だろう。死に恐怖したり抗う動物の姿が、私自身の死の恐怖にリンクしている。

その点、中村さんの猟法は、獣に〝死の恐怖〟をあたえない殺し方だ。捕らえられることもなく、生気みなぎる一瞬を撃ち抜かれるのだから。急所に当たれば恐怖を感じる間もなく即死だ。

実際に猪がどれほど死を恐れているかはわからない。けれど、最後まで野生動物として自由に駆ける猪を一瞬で撃ち抜くのは、目撃する者にとって心的負担が少ないのはたしかだ。いいか悪いかではなく、そこには生に執着しながら〝死〟を迎えるという怖さがない。憐れみが湧きあがってこない理由もそこにあるのかもしれない。

私の憐みには、いつかは死を遂げる自分へのたむけが紛れ込んでいる。

「はじめて猪を殺したときって、どんなでしたか？」

なるべく軽い口調になるように中村さんに聞いてみた。

「めちゃめちゃキツかったです。もう、一日何もできないような感じでした。殺してしまった、ということが重くて」

意外だった。そんな体験をしたのに猟師を続けているのか。

「獣害が多い農村地区に移住してきたこともあって、〝猟師〟という存在に対する周囲の期待が大きかったから。当時は狩猟免許取りたてでしたけど、やるしかなかった」

みゆきさんが言葉を継ぐ。

「山で猪を殺したとき、たまたま通りかかった農家のおばあちゃんに見られたんです。まずいかなと思ってあわててたら、そのおばあちゃん、私たちに手を合わせて『ありがとねえ』って。あの瞬間、気持ちが救われた感じがしました」

「今も殺すことに対して抵抗がありますか」

私が問うと、中村さんはキッパリと言った。

「最近はそういうことはないですね。むしろ猟欲が出てきたことを自覚しています」

猟欲――。そうした心の動きがたしかにあるわけだ。

「それで、絶対苦しめずに仕留めたいと思うようになったんです」

動物に親しみをいだく人ほど、殺し方は大きな課題なのかもしれない。中村さんはそれを、猟を続けながら考えてきた。獣の尊厳を思うことが、自分自身の尊厳にもつながる。罠猟でもなく、巻狩りでもなく、猪が油断する程度に犬を使い、銃で撃つ。一瞬で殺す。それが今の中村さんの流儀。

おじさんの言った言葉を思い出す。

「ヒトはかならずどこかで間違える。だから、最低限の止め刺しにしか銃は使わない」

そのときは深く納得し、もっともよい手段のように聞こえた。ただ、使い方を間違えなければ、銃はすごい道具だと思う。野生獣の尊厳を守り、殺せる。今の中村さんの思いを貫くには、銃しかないのだろう。

毛皮を処理して残す理由

仕留めた猪を軽トラの場所まで引き出すと、中村さんとみゆきさんは腹出し作業にかかった。おじさんは山で解体まで済ませるが、中村さんたちは内臓だけ出したらそのまま持ち帰る。家で吊るして干すのだ。

中村さんの家でそれをはじめて見たときは、心臓が止まりそうだった。お腹が空洞のまま干された猪は、生き物のようで生き物じゃないみたいな、妙な存在感を放っていた。おじさんが獲った猪はすぐに頭を切り落とされ、山で早くも肉になる。けれど中村さんの獲った猪は、ずっと頭もついたまま。猪は猪のままでありつづけている。約2日間この状態で放置するのだ。大きな傀儡《くぐつ》のようにも見えて、中に何かを入れたらまた動き出しそうだった。

中村さんが寒い冬の時期に猪を吊るし干しするようになったのは2018年以降。丹波の猟師さんから教わったやり方で、死後硬直が落ち着いてから脱骨したほうが肉も柔らかくなっておいしいのだそうだ。熟成させるということか。すごく興味が湧いた。山で死んだ獣がいろいろな生き物に食べられ、朽ち果てていくようすを見て以来、人間にとって〝おいしい〟のはいつだろうと考えるようになっていたのもある。

獣の死から時間が経つにつれ、入れ替わり立ち替わり食べにきていると思われる生き物たちの痕跡。それぞれに好むタイミングや期間がちがうことが印象に残っていた。

中型の野生動物が食べたり引っ張った跡があるのは、新鮮な最初の数日間だけ。一方、蛆虫はちょうど腐臭が漂いはじめるころに卵から孵り、骨にこびりついた肉片だけになってもまだ肉をかじっていて滞留期間も長い。

もちろん人間は〝腐った肉〟は食べられない。それは毒だから。私たちは猪を生で食べることすらできない。けれど、加工したり料理することで〝おいしい〟タイミングや状態をコントロールすることはできる。丹波の猟師直伝の肉を干す知恵は、まさにそれだ。ここで干された猪肉

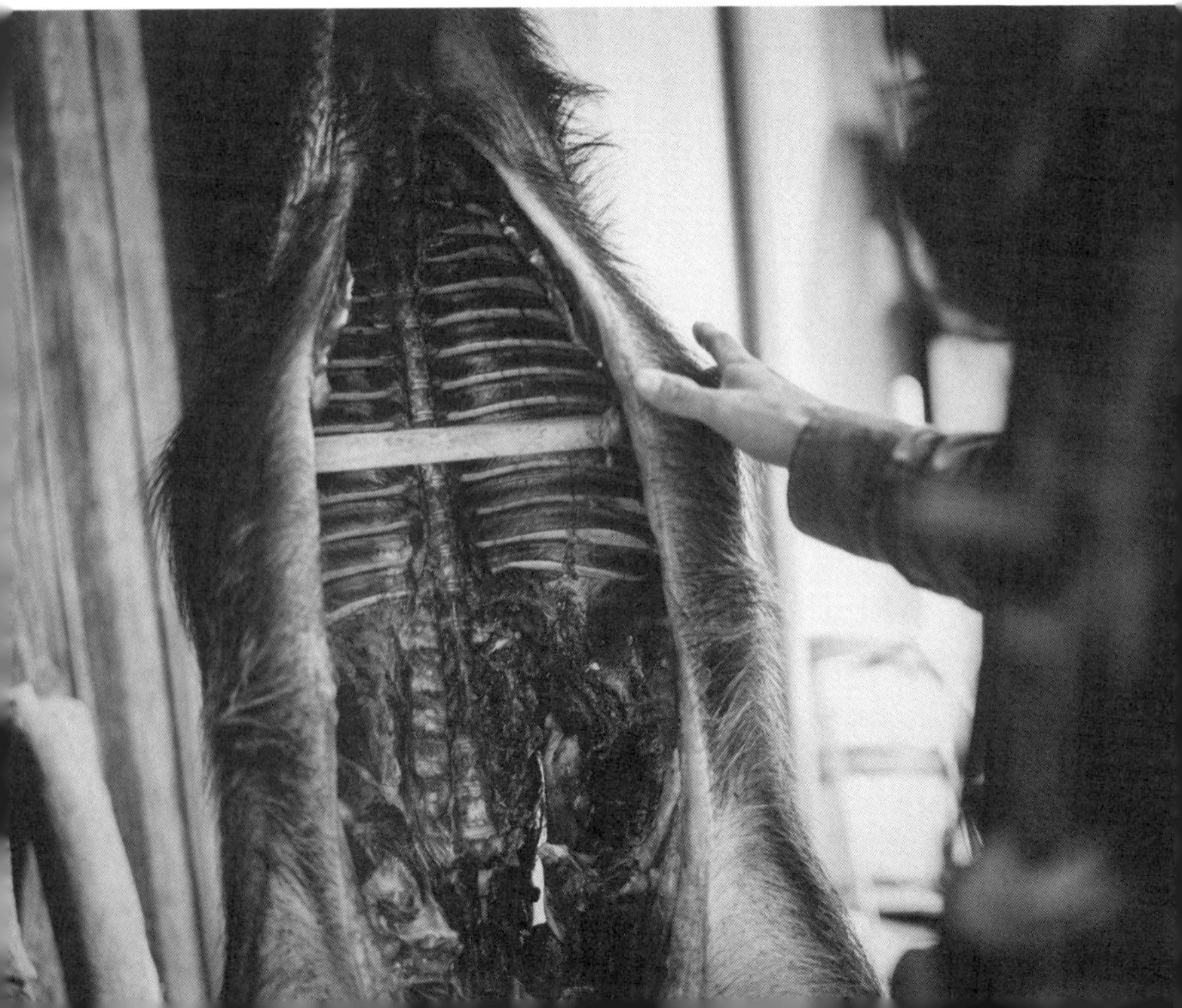

を食べてみたくなった。

中村さんが解体していく光景は干された猪の姿同様に、かなりショッキングなものだった。おじさんとの大きなちがいは、最後まで頭を切り落とすことなく作業を進めることだ。全身の毛皮を剝がされてもなお、そこには目があり、口がある。目元の毛皮を剝ぐのをはじめて見たときは、思わず「うわっ」と声を上げてしまった。

中村さんは平然と、ほかの箇所と変わらぬ手捌きで粛々とナイフを動かす。目のまわりもするり。突如、白い地肌とまん丸い眼球が露わになった。瞼とは、目の一部ではなく表皮（皮膚）の切れ目であることを知った。二度と閉じられることのない瞳が、まだキラキラと光っている。口も閉じない。歯は剝き出しのまま。私の顔も皮を剝げばきっとこうなのだろうと思った。

おじさんは山に毛皮を捨ててくるが、中村さんたちは取っておく。すべて剝いだあとには一枚の完璧な全身の毛皮が残る。それを塩とミョウバンで揉んで干すという比較的手軽な処理を施している。ただ猪の毛は固く、今のところ活用するまでには至っていない。だから、乾かした毛皮は増えていく。

最初は疑問に思った。なぜ用途もないのにそんなことをするのだろうか。けれど、彼らと付き合っていくうちに、なんとなくわかるような気がしてきた。

少し間があいて中村さんたちに会うと、私が同行できなかったあいだの狩猟話をしてくれる。

その話し方は、おじさんの武勇伝とはちょっとちがう。

「あいつはすごかった。最後まで覇気いっぱいでこっちに向かってきたもんね！　一発で仕留めてあげられなくて申し訳なかったなあ」

「あのメス、子どもたちを逃して、自分は体当たりするようにこっちにきた。感動した」

　殺していながらも、相手を讃えるような言葉が出てくるのが中村さんだ。猪は対峙する相手ではあるけれど、敵ではない。親しみをいだいているようにさえ感じられた。だから、仕留めた一頭一頭を、たとえば私が写真に残すように、中村さんは毛皮にして残しているんじゃないだろうか。玄関先に猪の頭蓋骨が並べてあるのも同じことで、出会ってしまった獣に対する個別の感情から、捨てることができないのではない

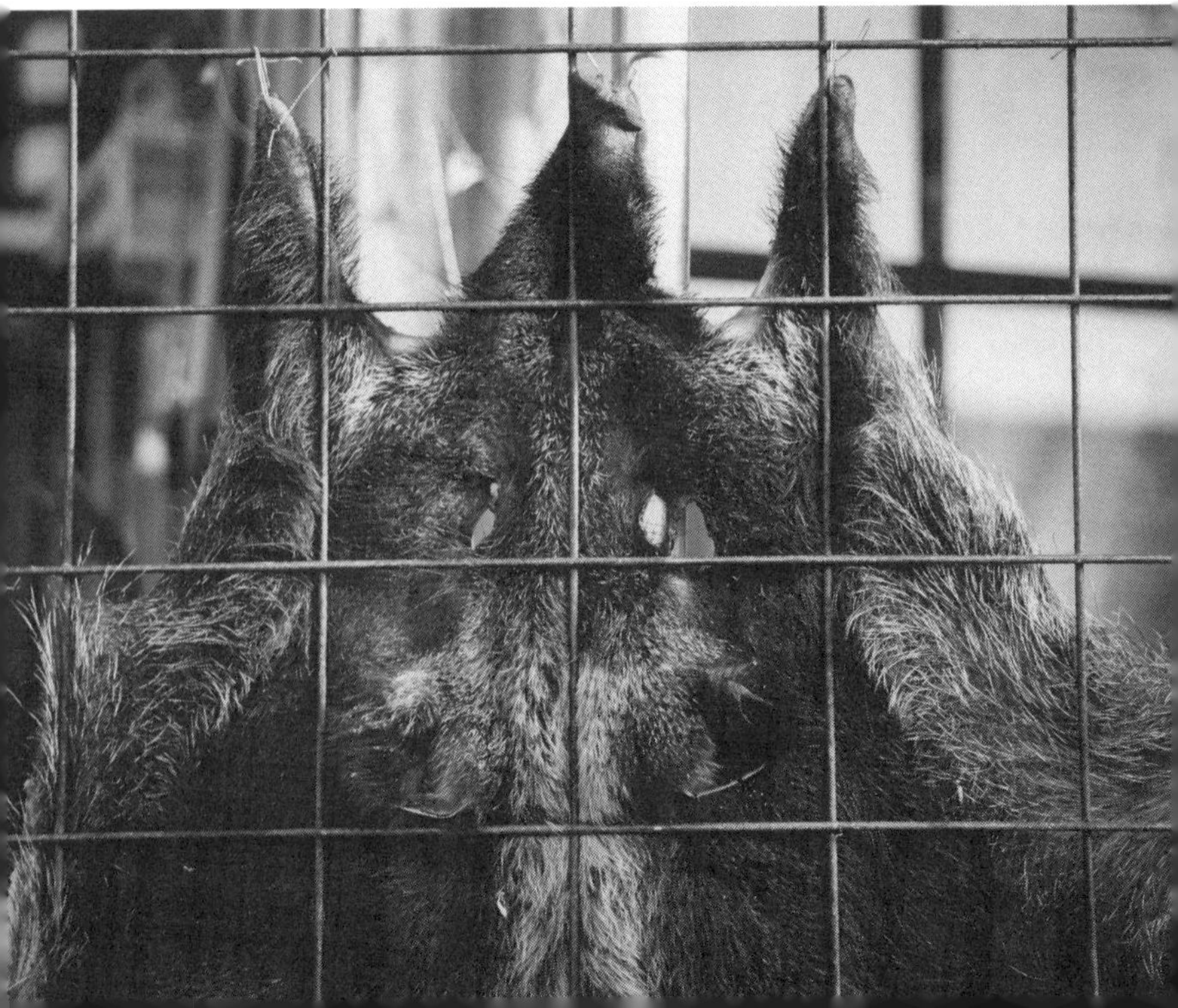

かと想像する。

そして、その点において、なぜか中村さんとみゆきさんの思いは強く一致しているように見える。毛皮を処理するのは主にみゆきさんだ。二次利用するのが理想だけれど、そこに至る技術のない今は、せめて腐らせずに残すためのひと作業——。

ここに通いはじめて、もう2年以上になる。当初は、ふたりが白昼堂々と玄関先で猪を解体しているさまを、奇異な光景に感じていた。けれど最近はごく自然に受け入れられるようになってきた。

見慣れてきたというのは当然あるだろう。ただそれに加え、この間に私自身も生き物を殺し、解体する機会を得たのが大きいと思う。ライフワークとして狩猟を追いながら、家庭生活では長男の養鶏がずっと並走していた。

養鶏する息子

長男が養鶏をスタートさせたのは小6のときだった。

「ペットではなく家畜として飼っている」と言う現在中3の彼は、実際に卵を売って小遣いを稼いでいる。産卵率が落ちてくる2年ほどで世代交代をさせる計画を立て、養鶏をはじめた当初から「最後は絞めて、食べることを考えてる」と口にしていた。

それでも頭で考えるのと実際に行動するのはちがう。1年目の夏、不本意ながら弱った鶏を絞めたときは、包丁を握りながら「オレ、1年後にまたこれができるかな」と震える声で言った。それでも、絞めて、食べる、という考えを彼は捨てなかった。

これまでの読書歴も影響していただろう。プリミティブな世界を舞台にした動物が出てくる本を彼は好んで読んでいた。それに、私が台所で野生肉料理するのをずっと見てきた。〝食べ物〟が〝生き物〟であることはわかっている。それを自分の手でやる意義を、きっと感じていたのかもしれない。

彼はまた、「自分の鶏だから残念なことにしたくない」とも言った。

残念なこととはどういうことか。ただ殺して食べればいいのではなく、ムダのないよう捌いて、おいしく食べたい、そんな思いだったのだろう。みずから育てた鶏だから余計に、おいしく食べられないと後悔することを息子は知っていた。もちろん私も知っていた。

〝おいしいから、うれしくて、ありがたい〟あの感覚だ。

だからそうさせてあげたいと思ってはいたが、どう考えても一発でうまくできるはずがない。

だからといって簡単に練習もできない。殺して食べるという行為――猟師たちが当たり前にやっていることでも、私たちのような一般人には遠いことなのだと実感させられた。

どうしたものかと思っていた矢先、おじさんから「キジが獲れたばい。まだ生きとる。いるね？」と電話がかかってきた。〝これか!?〟と直感して、長男にその場で伝えると、同じように思ったらしく「いる！」と大声で返事してきた。

突然やってきた鳥捌きの機会。心の準備もなければ知識の準備もない。おじさんから手渡された生け捕りのキジを前に、雑誌の解体特集を参考にして、まず首を切り落とすことにした。

しかし、日ごろ包丁すら使い慣れていない長男は、「うまく切れない。どうしよう」とぐずぐずしていて見ていられない。結局たまりかねた私が息子の手から包丁を奪いとってしまった。急がなきゃ。すかさず力を込めて振り下ろす。ころんと転がった頭は、そのままに美しく、生きているようだった。

私はホッとした。そのとき気づいた。私がいつも獣が殺されるところを呆然と見ていられるのは、ムダのない猟師たちの手捌があったからこそなんだ、と。殺すと決めたなら、なるべくサッと殺したい。私の中にもそんな感覚が生まれていた。

その後、私と長男は料理人から鶏の絞め方・捌き方を教わることができた。あつかったのは養鶏場で〝廃鶏〟と判断された鶏だ。脚を束ね、括って吊るす。そして、左手で鶏の頸の皮膚をピンと張り、右手に持った包丁で頸動脈を斜めに切る。このとき、浅すぎると血の抜けが悪く一気に絞められない。かといって、深く切りつけすぎると食道を傷つけ、臭いが移ってムダになる部分が増えてしまう。微妙な手加減を要する作業だ。

切りつけると、鶏は激しく暴れた。悶《もだ》える動きが、頸《くび》をつかんでいる左手いっぱいに伝わってくる。暴れたぶんだけ血が噴き出し、しばらくすると静かになった。それでもまだ、ポタリポタリと赤い血が滴り落ちていく。キジの頭を包丁で一気に切り落としたときとはちがって、左手に鶏が死んでいく感触が残った。言葉にならない。

静かになった鶏を地面に置いて離れたとき、なんだか覚えのある感じがした。そうか、括り罠猟をするおじさんの、鹿の殺し方に似ているのだ。心臓が動いたままの状態で頸動脈だけを断てば、最小限の傷口から一気に血が放出される。確実に殺し、おいしく食べるための血抜きの技だ。

2020年の冬、当初の計画から半年遅れで、飼っている鶏を長男と絞めた。

世話してきた鶏を絞めるのは複雑な気持ちだったが、そこはもう口にはしないことにした。彼が判断したことだ。もう手順もわかっており、作業に迷いはなかった。殺すときは迷ったらダメだ。そういった感覚もすでに彼の中に浸透していたようだ。

絞めたあとお湯に浸けて毛をむしっていたとき、意外に淡々と手を動かしている自分たちに気づいた。

「……この作業、ふたりだから気持ちが救われるんだね」

私が言うと、

「逆に、山でおじさんが単独で獣を殺して、単独で解体してるって、すごいことだよね」

息子が返してきた。本当にそうだなと思った。

山は、誰かほかの人がいるだけで気持ちが全然ちがう。たとえ単独であっても、登山道など人の居場所に近いところならまだいい。そのどちらでもなく、山全体が生き物のような場所でぽつんと独り、しかも獣を殺し、皮を剥いで、解体してくるなんて。心細さと屍体を取りあつかう後ろめたさが相まって、冷静ではいられなさそうだ。自分にはとてもできないと思った。

ちょうどそのとき、知人が届けものをしにやってきた。わが家の事情を知っている人だったのでとくに弁解する必要はなかったけれど、彼女は「お取り込み中にごめんね」と言ってそそくさと帰っていった。その後ろ姿を見送りながら、あれ、と妙な感じがした。

もしかすると、今の私と息子は、白昼堂々と玄関先で猪を解体する中村さん、みゆきさんコンビと同じなのでは――。視点を入れ替えてみると、それは特別なことではなかった。ふたりにとって、山という異境ではなく、自分たちの領域でやるほうが心が落ち着くのは今ではよくわかる。家の前で解体するのは、台所では汚れるから外でやっているにすぎないのだろう。

この日の私にとっては、殺す・捌く・料理まで区切りがなく、グラデーションのようにひと続きにつながっていた。殺すことが野蛮なら料理も野蛮、料理が神聖なものなら殺すことも神聖——そんな表層的な概念なんてどうでもいい、という思いだった。

猟師たちを追いながらも、いつも外側から見ているつもりでいた。野生の獣と家畜はまったくちがう、真逆のフィールドのように思っていた。けれど、いつの間にか自分の感覚が、少しずつ変わってきていることに気づいた。

命の感触が、私の手にも。もう見ている側だけじゃなくなっていた。

なぜここへ通ってしまうのか

昨年、中村さんは母屋の隣を改装して、その半分ほどのスペースに解体室をしつらえた。解体するのが玄関先ではなくなったぶんだけ、人目に触れない落ち着く場所になった。

あるとき、私はそこで中村さんとみゆきさんがいつものように解体するようすを眺めていた。

緊張感のある狩猟とちがって、解体現場は和やかな雰囲気。中村さんがふざけたようなことを言い、みゆきさんがそれをあしらっている。小学生の男子と女子みたいな、いつものふたり。

　彼らの声を聞きつつ、私は解体されていく猪の鼻をまじまじと見つめていた。匂いを嗅ぎとり、地面を鋤《くわ》か鍬《すき》のように掘りかえしてきた鼻。きっと猪の鼻は、人間の目でもあり手でもあるのだろう。すぐ下の歯で器用にタケノコや栗の皮を剝いて食べる姿が思い浮かぶ。偉大な鼻は、猪の象徴だ。

　猪というひとつの塊が、表皮と内部（肉）に分けられていく。そのさまを見ていると、ふと、どっちが猪なんだという疑問がよぎった。目や口のある内部が当然本体だろうと思うのだけれど、中村さんは毛皮を全身まるごと剝ぐので、

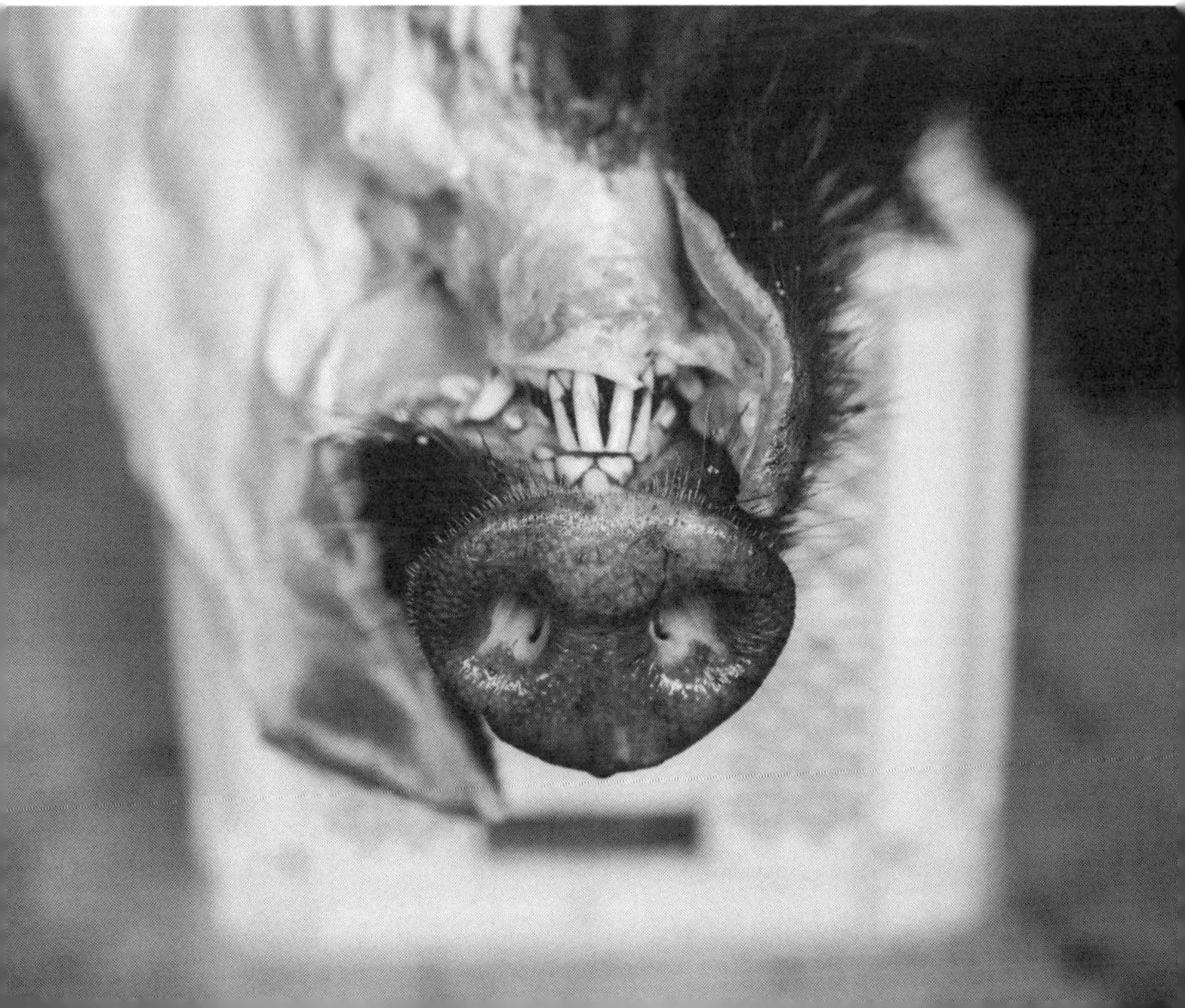

猪らしい外見の表皮のほうが本体っぽく見えなくもない。しかも、猪を象徴する鼻も表皮側にあるからなおのこと。

おじさんといるときにはあまり注意を払っていなかった〝毛皮〟が、私の意識の中でにわかに存在感を増してきた。

そして、ふと我に返った。

ふたりは相変わらずおしゃべりをしながら解体作業を続けている。ただ、小学生の男子と女子みたいな会話が聞こえるこの光景は、このまま何も言わずに誰かに見せても絶対に伝わらない何かであろうことを冷静に感じた。

なぜこれを撮るのか。なぜ私はここに通っているのだろうか。

そう思ったことが、そのまま口をついて出てしまった。

「どうして私はここに通ってるんでしょう」

するとみゆきさんがこちらを向いて、

「ねぇ。どうして、こんなところに通ってるんですか？」

と笑顔で聞き返してきた。視線を移すと、中村さんもニコニコ笑ってこちらを見ている。

〝こんなところ〟というのは、この解体現場を指しているのだろうか。それとも狩猟全体か。

まあ、でも、たしかにここは普通の人にとっては〝こんなところ〟なのかもしれない。

ここにあるのは、獣の屍体と肉片と剝いだ毛皮。嫌悪感すらいだく人もいるだろう。

っていうことは、あれ？　そういうこと!?

私にとってこのふたりは、不思議な人たちだ。謎めいていた。けれど、そんな目で見ていたのは私だけではなかった。私もまた、彼らから不可解な目で見られていたのか。

たしかに、彼らの元には雑誌の取材者などがときどきやってくるが、その誰もが一度きりの取材を終えて去っていく。なのに、私は何度でもやってくる――。そりゃおかしいよな。

おかしくて笑ってしまう。３人で笑ったら何だかスッキリした。

第4章

皮と革をめぐる旅

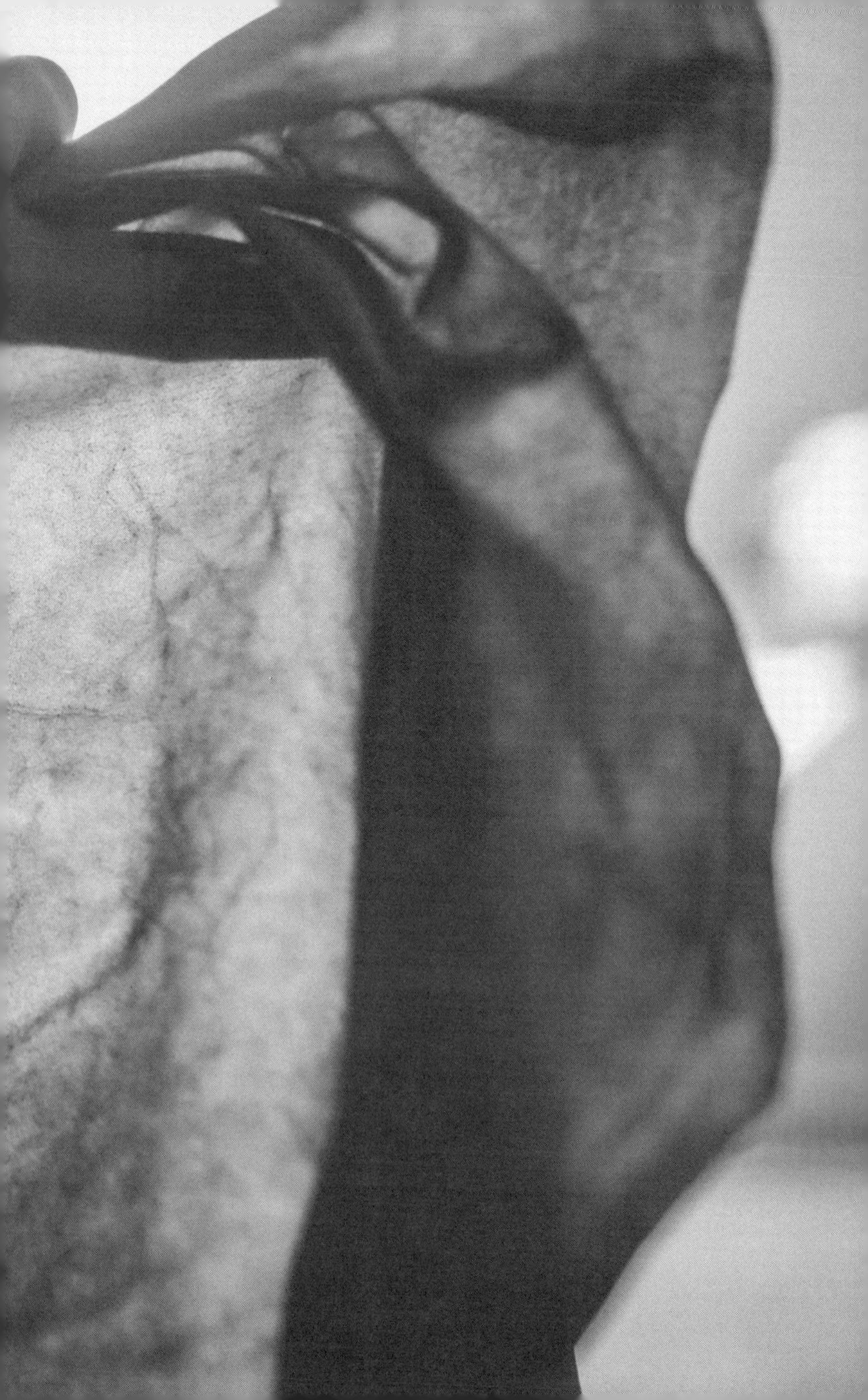

ケモノは〝毛もの〟

猿回しをする中村さんは、猟のときとは全然ちがう顔をしている。いちばんは超笑顔。声も一段高い。はじめて見たときは、演者としてのそんな中村さんに驚いた。ただし、ショーマンとして練れている感じはまったくないけれど。

猿の動きもビシッと決まる曲芸調ではない。どちらかといえば〝ご愛嬌〟が芸風だ。高く空に伸びた棒を颯爽《さっそう》と登ったり、障害物を見事にジャンプしたりはするけれど、指示を無視してぼんやり遠くを眺めていたりもする。どうするのかなとドキドキしながら見守っていると、中村さんとみゆきさんが「やろうよ」「コラ、ここでジャンプせんね」とうながす。猿はガン無視。ここでフッと笑ってしまう。

アドリブなのか演技なのか見分けもつかないが、人間が猿に翻弄されるコント感が絶妙だ。お笑いでもやはり花形はボケ役。無邪気を装ってボケをかまし、ドッと笑いをとる。そういう意味で、中村さんの猿は純然たるボケ役なのかもしれない。

以前中村さんに猿回しをはじめたきっかけを尋ねると、「猿が欲しかった」と言っていた。

猿回しをやりたかったのではなく、猿と暮らすことがいちばんの目的だったのだ。この感覚は正直私にはわからない。

たとえば犬や猫は人にとっても有益で、ある種のコミュニケーションを私たち人間と交わすことが可能になったからこそ、これほどペットとして普及した。一方で、猿は人間社会に生きる動物じゃない。山や森で生きる野生動物だ。人間にとって有用性はないし、人間と協調する性質もない。もともと従わせるのは困難な生き物だ。

子猿は人の赤ちゃんを連想させてかわいいというのは認める。見ていて愛着が湧くのもわかる。けれど、ずっといっしょに暮らすとなれば取りあつかいに戸惑いそうだ。そばに置いておきたいというより、むしろふだんは距離をとって、たまに姿を見られれば十分、というような気がする。わからないけど。それに、山裾に暮らす農家にとって猿はあきらかに害獣だ。猿と生きるというのは、かなり無理のあることなんじゃないだろうか。

でも、中村さんは無謀な挑戦をしたわけじゃなかった。現に猿との関係を築いている。彼のところにいる猿は、ペットとしてはお手上げ状態で手放された子や、母猿からの育児放棄に遭い保護された子などいろいろだ。一から信頼関係を築くのは簡単ではないだろう。

だから、たとえご愛嬌的な芸風とはいえ中村さんたちの猿回しは、じつは相当高度なことをしているんじゃないかと私は睨んでいる。猟犬たちとの関係も含め、こんなところからも中村さんのことを〝動物使い〟と感じてしまう。

猿回しの練習中、中村さんは猿たちをよく褒めて撫でもするが、ちがった動きをしたときは凄みのある低い声を出し、グイッと腕をつかむような動きをするので、一瞬ドキリとする。強い叱責さえもが体罰だと言われる昨今、こうした光景に私自身が慣れていない。

けれどもしばらく見ていると、あえて強さを誇示するだけで、罰や痛みはあたえていないことに気づかされる。中村さんはキッパリと言った。

「猿に舐《な》められたら猿回しはできないですよ」

電気ムチなど〝痛み〟で支配する調教は完全否定する中村さんだが、だからといってただ褒めて伸ばそうとはしない。動物間の優劣順位を利用しているのだ。一度順位が決まれば、しばらく争いは避けられるし、根気よく教えれば芸もできるようになる。子猿のころにやってきた猿たちにとって中村さんは保護者であり、強いオスだ。おのずと順位は定まったのだろう。

こんなふうに解釈はできるが、すごいなと思う。だって中村さんは人間なんだもの。

「まだまだ課題もありますよ。今は小猿だからいいんです。これから成獣になっていくにつれ、雄猿たちはみな優位に立とうと動きだすはず。発情期もあるし。安定して、人の前で安全に芸ができる状態に持っていくのは楽じゃないと思ってます」

話しているのはけっこう深刻な内容なのだけれど、中村さんは終始楽しげな笑みを浮かべている。彼にとっては猿回しのための猿ではなく、ともに生きていきたい相手だからなのだろう。この先どうやっていくのか想像もつかないけれど、彼はきっとやるだろう。

中村さんのところに来るようになってからだ、自分は人間なんだと意識するようになったのは。なぜって、ここは動物たちの存在感がすごいから。爬虫類や鳥類までいるのだ。犬、猿、猪は同じ哺乳類だけに、見ていて人間に近いなという感覚がある。ただ、人間に近いからといって仲良しというわけじゃない。関係上、犬と猿はともに生きる仲間だけど、猪は中村さん自身が生きるために殺す相手だ。一方で、生き物としては犬も猿も、猪と同じ獣だとハッキリそう思う。同じ哺乳類のはずなのに、人間だけが圧倒的に彼らとは異なっている。

何がちがうのかと考えるまでもない。

彼らは全身が毛で覆われている。

そう、〝毛もの〟なのだ。〝もの〟は万葉の時代には〝鬼〟という字を充《あ》てられることもあったという。〝ケモノ〟という言葉には、そうした特別な意味合いが込められているのだろう。山で出会った獣たちに対し、私もどこかでそうした心象をいだいてきた。矛盾しているようだけれど、人間に殺される存在であるにもかかわらず、人間など及びもしない生き物だと。

毛皮を脱ぐことを選んだ人間

はじめて狩猟に同行したのは、とても寒い冬の朝だった。前日長崎では珍しく大雪が降った。そんな凍えるような山の中で、見事に裂かれた猪の腑《はらわた》を「触ってみい」とおじさんに言われるまま、私はそっと触れた。ぬるりと指の腹が滑る感触。

羽毛の詰まった防寒ダウンを着ている自分の手より、死んだ猪の内臓のほうがずっとあたたかかった。よく見れば、びっしり詰め込まれた臓器からは湯気もたっていた。指先から伝わるぬくもりは、命の感触そのものだった。

剝いだ毛皮をよく見てみると、スッと伸びた太い毛の内側に、縮れて細い毛の層があった。これが断熱のための層かと腑に落ちた。機能的な冬毛に覆われた猪と、貧弱で薄っぺらい皮膚しか持たない自分とのちがいを思わずにいられなかった。不思議だった。

なぜ人は毛皮を棄てたんだろう、と。先に書いたことをもう一度くり返すが、私たち人間も、全身が毛に覆われる時期がある。母親の胎内から出てくる1～2カ月ほど前のことだ。受精卵に生じた命は、小さな魚のような姿になり、大きく裂けた口とヒレのようなものができる。次第に口はすぼまり、左右に離れていた目が近づき、ヒレが手足へと変化する。そして、私たちの体は産毛に覆われ、いっとき獣になるのだ。最後にその毛を落とし、ようやく母親の胎内から出てくる。人類に至る進化の歴史を母親の胎内で再現したのち、私たちは人として生まれてくるわけだ。

そう考えると、胎内での体毛の退化は、人間がみずからの毛皮を棄てる選択をしたということになる。もしくは、毛と皮を明確に分けようとしたとも言えるだろうか。ただし、その毛に代わるものは別の生き物から調達しなければならない。それが被服《ひふく》だ。道具の使用や服をまとうという人間の新たな営みとともに、私たちの体は変化を遂げた。

皮と毛を分けるメリットとしてパッと頭に浮かぶのは、マダニやノミなど寄生する虫を簡単に洗い落とせるということだ。人間の私も、山に入るときはマダニに注意する。猪の泥浴びの跡や鶏の砂浴びを見ていれば、それが健康でいるために重要な行為だと理解できる。ウイルスや菌を媒介するそうした小さな生き物を排除することで、動物間の感染病予防にもなる。生存のための優先条件は動物によって異なるだろうが、なによりも清潔を求めるなら、毛をセパレートにするのが最適かもしれない。

体温調節のしやすさも、人が毛を脱いだ理由のひとつだろう。自宅の庭で鶏を飼いはじめて知ったのは、動物が体温を下げることの難しさだった。雪の積もった日でも元気に庭を駆け回る鶏たちだが、羽毛に覆われているため暑さには弱い。数羽弱って死んだのも酷暑の夏だった。犬も夏日の猟では沢での水浴びを欠かさない。けれど、毛を体から切り離して発汗をうながすことができれば、体温調節はずっと容易になる。いろんな環境に適応して生きていく上では大きなメリットだ。

それでもやっぱり、獣がデフォルトで備えている毛を人が放棄してしまったのは、行きすぎた選択だったのではと思ってしまう。何らかのトラブルで身にまとうもの（被服）を失えば、身を守ることすらままならないからだ。人間の皮（皮膚）は薄く、いわば全身が剝き出しの状態。それって無防備すぎやしないだろうか。

もともと一体化していた毛と皮をふたつに分け、毛を人工的な被服に置き換える選択をした人間。〝ここまで〟と〝ここから〟がせめぎ合うなかで、少しずつできあがってきた境界線が現在の私たちの輪郭であり、皮膚なのだろう。

そんなことを考えていると、長男が3歳のころに発した言葉を思い出した。

「ねえママ、どこまでがぼくなの？」

彼を膝《ひざ》に乗せて爪を切ってやっていたら、唐突にそう言ったのだ。自分の一部である爪が切られているのに、痛くないことが不思議だったのだろう。素朴な疑問ではあるけれど、あらためて考えると哲学的な難問だ。私は爪切りを持つ手を止めて、そのまま固まってしまった。

爪は表皮の一部だ。皮膚を切ってあきらかに痛い箇所は〝自分〟で、何も感じない部分は〝自分ではない〟という彼の感覚はわからないでもない。ただ、そのあいだには「痛さを感じる」「感じるような気がする」「ほとんど感じない」といったグラデーションがあるはずで、はっきり境界線と呼べるラインなど存在しないんじゃないか。そうなると、皮膚には〝自分〟と〝自分以外〟が混在しているというおかしなことになる。

ためしに左手の人差し指の爪の先を、右手で触れるか触れないかぐらいに触ってみた。そこから、指、腕全体へと動かしてみると、全身がほぼ「感じる部分」でできていることにつくづく感心する。犬や猪のようにびっしりと生えた毛がないからだ。おそらく、獣たちはこんなふうに感じることはできないだろう。人間は、感じることに敏感になるよう設計されている。

皮膚コミュニケーションと新型コロナウイルス

毛皮を脱いで、無防備さと引き換えに得たものはそのあたりだろうかと考えていたら、2019年の年末から中国・武漢を発端に蔓延した新型コロナウイルス（COVID-19）の影響で、現実の世界が一変した。それまで当たり前だった私たちの生活スタイルもガラリと変わった。飛沫感染のリスクを恐れ、人に触れることはおろか、互いに接近することさえも憚られる暮らしがはじまった。

長崎はもともとそれほど人の過密な土地ではなく、コロナのせいでいきなり窮屈な暮らしになったかといえば、まあ東京ほどではないだろう。それでもやはり、人に会うのは避けるようになった。

だんだん漠然と誰かとコミュニケーションをとりたいという欲求が湧き、ビデオ通話をはじめてみた。じかに会えない不満を埋めようとする衝動がそこにはあった。オンラインで飲み会をしたり、たわいないやりとりを画面上で交わしたり、それはそれで楽しかったけれど、代替コミュニケーションでは満たすことのできないものがあることも痛感した。

やはり、触れ合って、感じ合いたい。いまを生き抜くために即必要なことではなさそうだけれど、やっぱりそういう欲動が強く、深く、存在していることに気づいた。コロナ以降、何げない動作だった娘を抱っこすることにも幸せを感じるようになった。と同時に、娘がいなかったら欲求不満になっていただろうとも思う。人間のコミュニケーション欲求は、ほかの生き物に類を見ないほど過度なもので、際限なくどこまでも求めてしまうものなのかもしれない。

いつ終わるとも知れないコロナ禍の日常で、そんなことをとりとめなく考えていたら妙な妄想が浮かんできた。人はもっともっと近づいて感じ合おうと、より薄く柔らかい肌へと向かったのでは？　そうして、キスやセックスをこんなにも特別に求め合うようになっていったのかな、と。人間のセックスは動物の交尾とはちがう。単なる生殖行為ではなく、全身で感じ、全身で触れ合う快さがある。これも毛がないからできることだ。

女性の乳房が男性の目を惹きつけ、女性側も触れられれば性的に感じるということも、人間特有ではないだろうか。そもそも、狩猟の解体で見た鹿や猪のメスの乳房は、たとえ出産前であってもほとんど膨らんでいなかった。人間の乳房だけが、触れ合うことを目的とした性的機能を備えているのでは。でも反対に、触れられて感じる不快もある。好意を持たない相手に触られてゾッとする感覚は、痴漢被害者の声からもあきらかだ。

以前、友人の女性がこんなことを言っていた。

「ふたり目が生まれたとき、上の子が自分もおっぱいを吸おうと触ってきたんだけど、痴漢に触られたような嫌悪感があって、自分でもびっくりした」

私は思わず「わかる！」と声をあげ、激しく共感した。この感覚に覚えのあるお母さんは意外に多いのではないかと思う。おそらくこれは、母親が新しい赤ちゃんに優先して授乳するよう仕組まれた本能だろう。いわゆる〝生理的に〟という感覚だ。

肌でコミュニケーションし、肌で察知し、肌で幸せを得る。触れ合って感じ合うことは、人間に備わったすごく高次な機能という気がする。

　そうだとしたら、コウモリ由来の感染症とされているコロナは、肌の触れ合いによって生まれる親密で高次なコミュニケーションを排除することで人間社会の土台を揺るがせ、その傷口に寄生すべく誕生したウイルスであるかのようにも思えてくる。

〝キヨメ〟と〝ケガレ〟

　先日、狩猟から戻ったみゆきさんが毛皮を洗っているのを眺めていた。洗った毛皮は、ミョウバンと塩で簡単に処理して家の前に干す。小屋の奥には前に干したと思しき毛皮があって、そちらに目をやっていたら、みゆきさんが手を止めて教えてくれた。

「それ、このあいだのですよ」

　3カ月前の、あの雌猪か。当時のことを思い出していたら、妙な感じがした。山で腐っていく獣を見た経験があったから、獣の体の一部である毛皮が腐臭もなく今もそこにあるというのが、あらためて不思議に思えてきたのだ。

中村さんたちの処理した猪の毛皮は硬くて、まだ二次利用には至っていない。けれど、小動物の毛皮は尻あてにしたり、軽トラの座席に敷いたりしている。毛皮が新たな素材として再生されるって、とても神秘的な行為だ。

ふと、皮革《ひかく》を生業とする人たちが、かつて〝キヨメ（清め）〟と呼ばれていたという話を本で読んだのを思い出した。私の生まれ育った姫路には古くから皮革の歴史があり、それもあって印象に残っていたのだろう。たしかに、「皮」を鞣《なめ》して「革」にするというのはすごい行為だ。錬金術ではないけれど、不可能を可能にするような神業的な技術だったのではないだろうか。そうした技術を持った人々が、特別な意味をはらんだ〝キヨメ〟という名称で呼ばれたことも、どこか腑に落ちる気がする。

気になって調べてみると、私が読んだのは歴史学者・網野善彦の『中世の非人と遊女』だった。あらためて読み返すと、〝穢れ〟という言葉がやはり頻繁に出てくる。〝穢れ〟を祓《はら》うために〝キヨメ〟という存在が必要だったのだ。

ただ、〝キヨメ〟と呼ばれた人々が、のちに〝穢多《えた》・かわた〟と差別して呼ばれることになった転換が、わかるようでわからない。最初に読んだときも同じことを思った気がする。宗教や社会や国が形成されていくなかで、なぜこうも〝穢れ〟は根深く広まり、人の心を侵蝕するように変容していったのか。ちょっととらえがたいものがある。

そもそも穢れとは何なのか。私は以前、山で鹿の腐乱死体を見たときのことをこう書いた。

「その場にとどまることを躊躇する腐臭。腐りかかった体に蛆が這うようすは、正直なところ怖かった。胸がざわついて仕方なかった」

あの体験があるからこそ、私は干された毛皮に〝キヨメ〟という言葉を思い出し、腑に落ちたのだ。もし私の中に〝穢れ〟の体感があるとしたら、あれだろう。

一方で、それは腐乱死体という状態を目の当たりにしたときの心象で、固有の何かに依《よ》るものではない。だから〝これ〟と指し示せない。実態としてつかみ取りづらい〝穢れ〟を前に立ち止まってしまった私は、この時代に生きる自分にもわかりやすい説明はないだろうかと、図書館に行ってあれこれ本に手を伸ばしてみた。

すると、ある本のなかにこんな一節を見つけた。

「穢れとは何か。人の死にまつわる穢れがあり、女性の月経・出産にかかわる穢れがあり、そして獣の肉や皮革処理がもたらす穢れがある」

（赤坂憲雄『東西／南北考　いくつもの日本へ』より）※傍点著者

私の目はこの2行に釘づけになった。出産を撮影し、狩猟の撮影しながら肉を食べ、ときには死に関わる撮影もする私にとって、この符合は思ってもみないことだった。穢れを撮ってきたつもりはまったくない。急に胸騒ぎがしてきた。

人の出産と死はそれぞれ〝家族の風景〟として撮ってきた。狩猟撮影は〝食〟への興味だ。いつもおじさんからもらう肉の由来が知りたくて目を向けたものだった。だから、私にとってはそれぞれ文脈がまったくちがう。だから、これは符合なんかじゃない。頭ではそう思うのだけれど、どうにも払拭しきれないものがあった。ちょうどいま私の心をとらえていたものが、毛皮と皮革だったからだろう。

見なかったことにはできない感覚。穢れを追ってきたら、その先に突然自分の姿が見えてきたようで、急に怖くなった。

皮革職人の仕事を見てみたい

出産、死、肉と皮革のうち、まだ私がじかに触れていないのは皮革だけ。なかば無意識のうちにインターネットで調べていた。少なくとも、この時点では意気込んで知ろうとしたわけではない。興味を持ったのはたしかだけれど、気持ちは立ち往生していた。

たとえ私が惹かれるものが穢れと呼ばれるものと一致していたとしても、その理由を直ちにあきらかにしたいわけではなかった。そんな複雑な心境だったが、ネットの情報は机に座っているだけでどんどん目に飛び込んでくる。

目を引いたのは、姫路の〝白鞣し〟というものだった。塩と菜種油と水だけで鞣す古来から伝わる皮革の技術。平安中期に編纂された『延喜式』にもその製法が記載されているという。

山や狩猟を通して、いにしえに生きた人を何度も思い浮かべ心躍らせてきただけに、おおいに興味をそそられた。見てみたい。ただ出産や死や狩猟とちがって、私には身近に知人も人脈もない。あえていえば故郷が姫路だということだけ。それからというもの、〝白鞣し〟という言葉を頭にぽつんと浮かべたまま時を過ごしていた。

そんなとき、雑誌の取材で五島の鍛冶屋・宮崎春生《みやざきはるき》さんのもとを訪れた。以前からの知り合いで、私は彼の包丁を愛用している。狩猟用ナイフの収納袋について革との相性の話をしていたら、たまたま革職人の話題になった。

「長崎に腕のたしかな革職人がいますよ」

私は目をまるくした。え、まさかそんな近くに!?　降って湧いたような皮革の糸口。これを手放してはいけない気がして、私はすぐに紹介してほしいと頼んでいた。

市内から車で一時間ほど走り、長崎空港のある大村市に向かった。革工房『銀職庵 水主』は、予想外に普通の一軒家だった。乗ってきたステップワゴンをどう駐車しようか迷っていると、主《あるじ》が出てきて合図をしてくれた。作務衣に下駄という独特な風貌の中山智介《なかやまともすけ》さんは、まぶしいくらいの笑顔で開口一番、「姫路なんですね」と言った。そうなのだ、私の車は姫路ナンバー。

「僕にとって、革といえば姫路ですよ」

さっそく工房の中に案内してもらい、隣室で仕事する奥様に挨拶する。同じ職業だけれど、別々に独立して仕事しているという。部屋の隅にある小さなひとり掛けのソファを勧められて、部屋を見渡すと、そこかしこに不思議なもの、よくわからないものが無造作に置かれており、秘密基地みたいな雰囲気だ。

中山さんは「どんな生き物の皮でもたいてい革にできますよ」と言って、実際にそれらを見せてくれた。獣だけでなく、カエルや魚の革（皮?）まである。オーダーメイドの依頼を受けてつくったという財布は、すでに持ち主の好みらしき存在感を放っていた。皮は生き物の一部というイメージから大きな変貌を遂げ、革という魅惑的な素材になっていた。皮革ってすごい。

私は思いきって姫路の白鞣しのことを尋ねてみた。すると中山さんは、近くにあった箱の中に手を入れて、掻き回すようにしながら一枚の布きれのようなものを取り出した。

「これが姫路白鞣しですよ」

え、これが。よく見るとたしかに革だ。布かと思ったのは、生成《きな》りのように柔らかな白さのせいだった。革と聞いて思い描くベージュのそれとはぜんぜんちがう。塩と菜種油だけで、ケモノの皮がこんなふうになるのか？　なめらかな白い革を指の腹で触れながら、にわかには信じがたい気持ちになった。

「姫路に新田眞大《にったまとも》さんという人がいるんですよ。世界でただひとり、白鞣しをしている人です」

「……お会いして、見せてもらうことはできるでしょうか」

どう考えても不躾《ぶしつけ》で無理なお願いだとわかっていたけれど、衝動が抑えきれなかった。

「新田さんは、日本だけでなく世界にとっても重要な御仁です。……でも、会ってくださるかもしれません。頼んでみましょうか」

姫路の白鞣し職人

まさか、こんなふうに姫路に向かうことになるとは――。新型コロナウイルスの第一波が少し落ち着いて間もない時期で、新幹線の乗客はまばらだった。毎年2回、家族連れで欠かさず帰省しているから、姫路行き自体は珍しいわけではない。ただ、こんな個人的な興味をいだいて、ひとりで姫路を訪れる日が来るなんて思ってもみなかった。

皮革業の盛んな地域は知っている。姫路の北東部、市川が流れる一帯だ。余談だけれど、この市川を上流へと上っていくと柳田國男の生家がある。彼の言うところの「日本一小さい家」が保存され、隣に資料館として「松岡家記念館」が建てられている。幼少期の情景が彼のまなざしに影響したというから、私にも何かあるかなあと思い巡らせてみるが、イマイチ思い当たることはない。母の実家が〝灘《なだ》のけんか祭り〟の地域だったから、太鼓の音だけは人一倍好きだったことと、父の実家の佐用という山村で従姉妹たちと走り回った記憶が懐かしく思い出されるばかりだ。

新幹線を降りると、レンタカーでまっすぐ新田さんの仕事場へ向かった。新田さんの営む『新敏製革所』は皮革業で知られる高木地区の北端にあった。

事前に、作業を見せてもらいたいと電話で新田さんにお願いしたら、

「あなたが見たいのは、皮が革になるところやな」

と言い当てられた。そうなのだ、まさにそこが見たい。ただ、新田さんは職人だから皮から革への変化を体感的に知って話しているが、私はまったくの素人。新田さんが感じる変化を同じように感じられるとは思えない。それでも、その場に臨んで、見てみたかった。素人である

自分自身をセンサーにして、いつ革になったと感じるのか、どんなふうに感じるのかを知りたかった。それが、〝キヨメ〟と呼ばれた技と、そう呼んだ人の心を理解する足掛かりになる気がしたから。

新田さんと会って最初に挨拶を交わしたときは、ちょっと面白かった。

播州《ばんしゅう》弁独特の懐かしいイントネーションで「どこの人？」と聞かれた。どの村の人間か問われているのだと理解して、父と母の故郷を告げた。そうしたら「濱中さん？」と新田さんから言われたのか、もしくは私が「濱中です」と母の旧姓を言ったのか、とにかく挨拶の二言三言のあいだに、私の大叔父（祖父の兄）と新田さんに面識のあることがわかった。私の大叔父、濱中重太郎は一部には知られた人で、車谷長吉の小説『灘の男』にも登場する豪傑だった。ただ、残念ながら私には直接的な記憶はあまりなく、祖父や親戚から聞いた話のほうが多い。けれど、新田さんの記憶には大叔父が生き生きと刻まれており、聞いていてそれがとても新鮮だった。

「重太郎さんはすごい人やった。ヤクザでもあの人には手ェ出せへん。みんなあの人を好きになるし、あの人に似てくる」

縁もゆかりもなく押しかけた身として、息苦しいほど緊張していた私は救われた思いがした。亡き大叔父と祖父に感謝し、心の中で手を合わせる。革職人の中山さんとの出会いと同様、多くの説明はいらない気がした。

皮を革にする作業

製革所に足を踏み入れると、巨大な樽のような機械がいくつも置かれていた。見たこともない不思議な光景。何のための道具なのかさっぱりわからないが壮観だ。ゴロンゴロンと音がしている。ひとつだけ小ぶりの樽が回っていて、それが音を立てているのだ。私が不思議そうに眺めていると、新田さんは回るのを止めて中を見せてくれた。作業途中の黄色がかった鹿皮が入っており、あたたかく、湿っていた。樽の内側には半球の突起がたくさん付いている。皮を傷めない程度の引っかかりになっていて、やはりこれも揉む作業を担っているのだという。

「白鞣しは手でも揉むし、こうやって機械でも揉む。〝鞣す〟という字は〝革〟に〝柔らかい〟と書くやろ。くり返し揉んで、繊維をほぐしいていくんや」

次に新田さんは最上階に案内してくれた。途中から屋外の階段に出ると、びゅうっと風が体に当たった。広いフロアに入ると、奥に皮らしきものが干されていた。

「脱毛したあとの牛の皮や。こうやって天気や湿度をみながら窓を開けて風を通すんや」

褐色と白の模様が浮かび上がる大きな布のようにも見える。近づいて見てみると、表にはこまかな皺が、裏には血管のような筋がある。白く見えている部分は塩だった。もう一度離れて真正面から眺めてみる。「ああ」思わず声が漏れた。見覚えのあるカタチをしている。おじさんや中村さんのナイフが、脚を縦に切り開き、かならず一枚で切り出すときのあのカタチ。ここに干されているのは半身ではあるけれど、前脚・後脚・首・尻の位置がわかる。はっきりと動物の皮膚だと感じられた。ひとつ、私の中で接続した瞬間だった。

新田さんは階下の作業場に戻ると、皮を揉んで伸ばしていく作業にあたった。手にしている皮は、完全に乾かしきったあとで柔らかく揉むために水を加えたものだという。トンカントンカンとリズミカルに大きな音を立てる機械は、ローラーの間に皮を適度な圧力で挟んで、伸ばすためのもの。このローラー機器を使った手作業と、樽みたいなドラムを回しながら揉む作業とを、幾度もくり返していくのだという。

取り出された皮は、白と黒のブチ模様を持つホルスタインのものだった。動物として生きていたときは乳牛だったことがわかる。うっすらと浮き出ているその模様は青緑のような色で、赤ちゃんのお尻にみられる蒙古斑そっくりだった。触らせてもらうと、生《なま》感がありブヨブヨしていた。脱毛後に干されていたものよりずっと白かったけれど、中山さんのところで見たあの柔らかく美しい白さとはちがう。おそらくこちらは水でふやけて白いのだろう。私はそれを眺めながら、溺死した人も白くなるんだろうなと思ってしまった。

牛の皮は大きく、分厚い。ローラーに当てる位置を少しずつ変えるだけでも重労働だ。あっという間に新田さんの額は汗の粒でいっぱいになった。眼鏡を何度も外しながら汗を拭う新田さんの姿に、彼の手が牛皮1枚に向き合う時間を思った。今回の皮は1カ月半ほどで仕上がるという予測らしい。手作業とドラムを5回は行き来するだろうと話す。相当な労力が要るのはあきらかだった。

それでも手作業する理由は、皮を動かす新田さんの手つきを見ているとなんとなくわかる。皮は動物のカタチをしていて、しかも部位によって性質も質感も異なるのだろう。ローラーに当てる部分を鋭く見きわめて皮を動かしている。トンカンという機械音は単調だけれど、新田さんの手作業はものすごく複雑なことをしているのにちがいない。

「現代の技術を使って、昔の方法じゃなくてできることもある。そういうところは取り入れるんやけど、そうやない部分は手作業。生き物やから一頭一頭ちがうし、運ばれてくるときの状態も異なる。そういうものを、どういう仕上げにするかイメージしながら、手で加減していくんや。あなたがやってるっていう山の動物の肉料理にも似てるやろ？」

新田さんの言葉に、なるほど、と思った。たしかに似ている。私も一頭一頭ちがう獣肉やその部位の、可能性を見きわめながら料理を考える。……だけど、やっぱり料理と皮革は大きくちがう気がする。料理は、動物の体を、人間の口に運ぶための変換のようなもので、〝生き物＝食べ物〟という構図はほかの動物たちと同じ。ある生物の命が、ほかの生物の生存を維持するという、命を巡る流れの一環にすぎない。

けれど、皮革はそうした自然界の当たり前の流れとは異なる。生物の時間を止めるかのように塩をまぶし、そのあと長い時間と手間をかけて素材にしていく行為。そうしてできあがった素材は何年も使いつづけることができる。これはやっぱり変換じゃない、変革だ。皮革は、大きく〝革《あらた》める〟行為なのだと思う。

「新田さんは、なぜ白鞣しをしようと思ったんですか」

「若いころは遊んで暮らしとった。皮革の取引側に関わっとって、このままやと下降の一途で先がおもろく思えんかった。でも、『白鞣し保存研究会』っていう人たちの活動があって、年配者が多かったから手伝ったんや。これが思うようにいかんかった。難しかった。そんときやね、私の中で火が付いたのは。つまり、誰でもできるものじゃない、だから面白いと思った。あのとき簡単に白鞣しができとったら、今の私はおらんかもしれん。見てみたいと思ったんや、ほんまの白鞣しを。そして、もし白鞣しができるならと考えたとき、『これや！』って思った。自然環境に負荷がない白鞣し、これからの時代はこれや、これしかあアカンって。これ見てみい」

新田さんは、奥から証書のようなものを持ってきた。

「これはな、革の安全性を証明する証書や。金属物質名と、こっちが安全と言われる基準値。で、うちはほとんどが《n／d》ってなっとるやろ。これは、検出できん、含まれていませんってことや」

姫路白鞣しは究極のエコレザーだ。けれど、ここまでの道のりは平坦ではない。新田さんは白鞣しと呼べるものにするのに10年かかり、そこからまた10年かけて思うように仕上げる技術にまでたどり着いたのだという。実際の鞣しの作業は工程も多く、内容のちがう干す作業や揉む作業が何度もある。油を馴染ませるのだって揉む作業だ。一枚の毛皮から、数多《あまた》の変化をくり返してようやく革になるのだから、壮絶な試行錯誤があったにちがいない。

「白鞣しにたどり着くまで時間はかかったけど、そのおかげで思うように仕上げる技術を得たんや。うまくいかなくて、同じ失敗をくり返して、なぜと考えつづけてきたからや。遠回りしたようやけど、なんにも無駄じゃなかった」

新田さんは笑って言った。苦労話ではなく、むしろいい思い出を語っている口調だった。

「ここで皮革をしてきて、わかるんや。ここの場所がいちばん皮革に適している。周囲に山があって、川の流れがあって、風の流れがある。地形がいろいろな流れをつくって、革づくりにちょうどいい気候がここにある。だからな、革は私がつくってるんやないんや。揉んだり、塩水につけるとか、自然にできないことは私がやる。でも自然の力でできることはぜんぶ自然にやってもらう。革をつくるんは自然の力や。この製革所の場所はもともとこの地区全体の皮を干す場所やった。だから風がよく通る、白鞣しにいちばんええ場所で私はやっとる」

そう言って新田さんは足元の地面を指差した。この高木地区は姫路の皮革生産の中心地。いま白鞣しをするのは新田さんのところだけだが、かつてはこの地域全体が白鞣しをしていたことをあらためて思う。白鞣しは、ほかの地域ではなかなかうまくいかないそうだ。新田さんの言葉にあるように、この土地固有の自然の力を必要とするからだろう。市川に生息するバクテリアがいいという話もある。ここは皮革の技を持った人たちが探し当てた、革鞣しをするのに稀有な場所。長年白鞣しに向き合ってきた新田さんの言葉が、それを裏づけている気がした。


濃厚な一日目が終わった。帰り道、ちょうどいい具合に夕日照らされた市川が目に入り、私は車を停めた。川面がキラキラ光っていた。皮革に川は欠かせない。昔はこの流れの中にたくさんの毛皮が晒《さら》されていたのだろう。その風景を想像する。

かつては地区全体で鞣しの作業をしていたのだと新田さんは言った。きっと昔は、川での脱毛はもちろん、干し場なども皆で共有され、白い皮が川辺に並べて干されるようすも見られたのだろう。

川と皮と革、すべて「かわ」と読むのはそのつながりを示していると聞いたことがあるが、今はその意味がよくわかる。すべてひとつの風景だったのだ。

黒毛牛と馬の原皮の匂い

翌日、新田さんに原皮《げんぴ》を見せてもらえないかと相談してみた。話に聞くかぎり、原皮というのは、猪や鹿の解体のときに一枚で切り出されるあの毛皮と同じもの。だから、私はすでに原皮を何度も見ているわけだけど、それでは納得がいかなかった。おじさんに連れられて山で見る毛皮ではなく、中村さんの玄関先で見る毛皮でもなく、ここにやってきた毛皮を見たい。

「いま原皮はここにないな。タイミング悪かったなあ」

私が残念そうにしていると、

「……組合か、ほかのところにちょっと行ってみるか。あそこならあると思う」

と提案してくださった。

「はい、ぜひ！」

助手席に乗ってくれた新田さんの道案内に沿って運転する。川を渡ってすぐの大きな倉庫で、若い人たちが白黒のブロックのようなものを移動させていた。近づいてみると、黒毛が目に入った。四角く折りたたまれ、積み上げられた黒毛牛の原皮だった。白く見えているのは塩だ。胸が高鳴る。さらに近づくと、生き物の匂いがした。〝やっぱり動物だったんだ！〟私は興奮して、心の中で叫んでいた。いや、動物の皮だと知っていたし、疑っていたわけでもない。だけど、私はこのときはじめて知った気がしたのだ。

新田さんが撮影の交渉してくれたが残念ながら許可がおりず、「じゃあ、もう一カ所連れてったる」と、案内されたのは馬の原皮をあつかっている『新喜皮革』というところだった。

「ここはコードバンをつくっとる。馬のお尻、最高級のレザーや」

さっきの白黒の物体とはちがって、茶色、黄色、黒、白が混ざり合った原皮が山と積まれていた。近づくと、いろいろな毛色の馬皮だった。たてがみも尻尾もそのままに、ふさふさと毛が風になびいている。遠くヨーロッパから来たそうで、生き物の匂いがさっきの黒毛牛より強い。胸にグッとくる。懐かしさのような親しみのようなものがこみ上げてきた。この感覚を焼き付けるような気持ちで、私はシャッターを切った。

「ちょっと来てみい。ここはタンニン鞣しや」

脇にある階段を半分くらいまで登ると、奥にあったタンクが見下ろせた。褐色の液体の中に

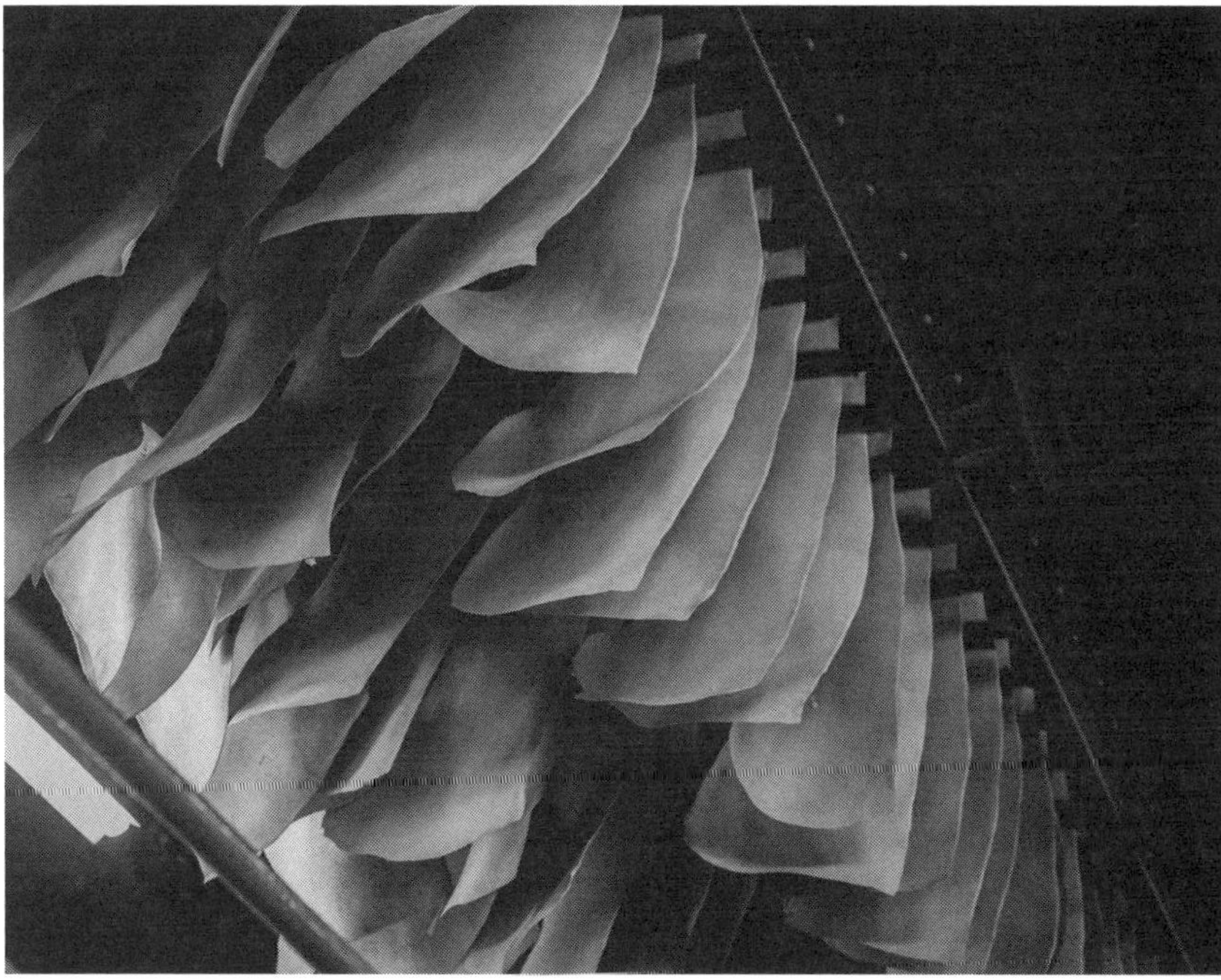

皮が浸かっているようだった。目を凝らして見ていると、「上を見てみい。あれが馬のお尻の革や」

見上げると、美しい革が何枚もゆらゆらと揺れながら整然とぶら下がっていた。きっと柔らかく肌触りがいいのだろう。見た目からして高級感が漂っている。さっき下で見た積まれた毛皮とのコントラストがすごい。言葉なく、ただ見惚れた。

皮革を食べ、畑に撒く

新田さんの作業場まで戻ってくると、あの小振りなドラムがまだ音を立てていた。昨日からずっと回りつづけていたのかもしれない。

「これから最後の仕上げや」

新田さんはドラムを止めて、中から一枚取り出した。鹿の皮だ。いや、もう革なのかもしれない。触れると、乾ききる直前という感じがした。

皮を半円状の鉄のヘラのようなものに当てながら、片手は優しく支えるようにして、もう一方の手は強く扱《しご》くように、新田さんが引っ張った。そのたった一度の動きだけで、皮がぱあっと広がって白くなったように見えた。ひと通り伸ばしたものを手渡され、両手で受けとると、さっきより白く柔らかく、肌触りもなめらかになっている。革だと思った。光に透かしてみると、血管の筋が浮き上がって見えた。不思議だ、ふつうに見ていればいわゆる革らしい細かいキメしか見えないのに、一体の動物だった跡がちゃんと残っている。

「戦争中はな、この白鞣しの革を持っていったんや。水と塩と菜種油しか使わへんこういう革は、いろいろ役に立つんやな。怪我したときの包帯としても使えたんやで」

そう言って新田さんは、素肌をさらしていた私の腕に鹿革をかぶせた。せっかくなので、そ

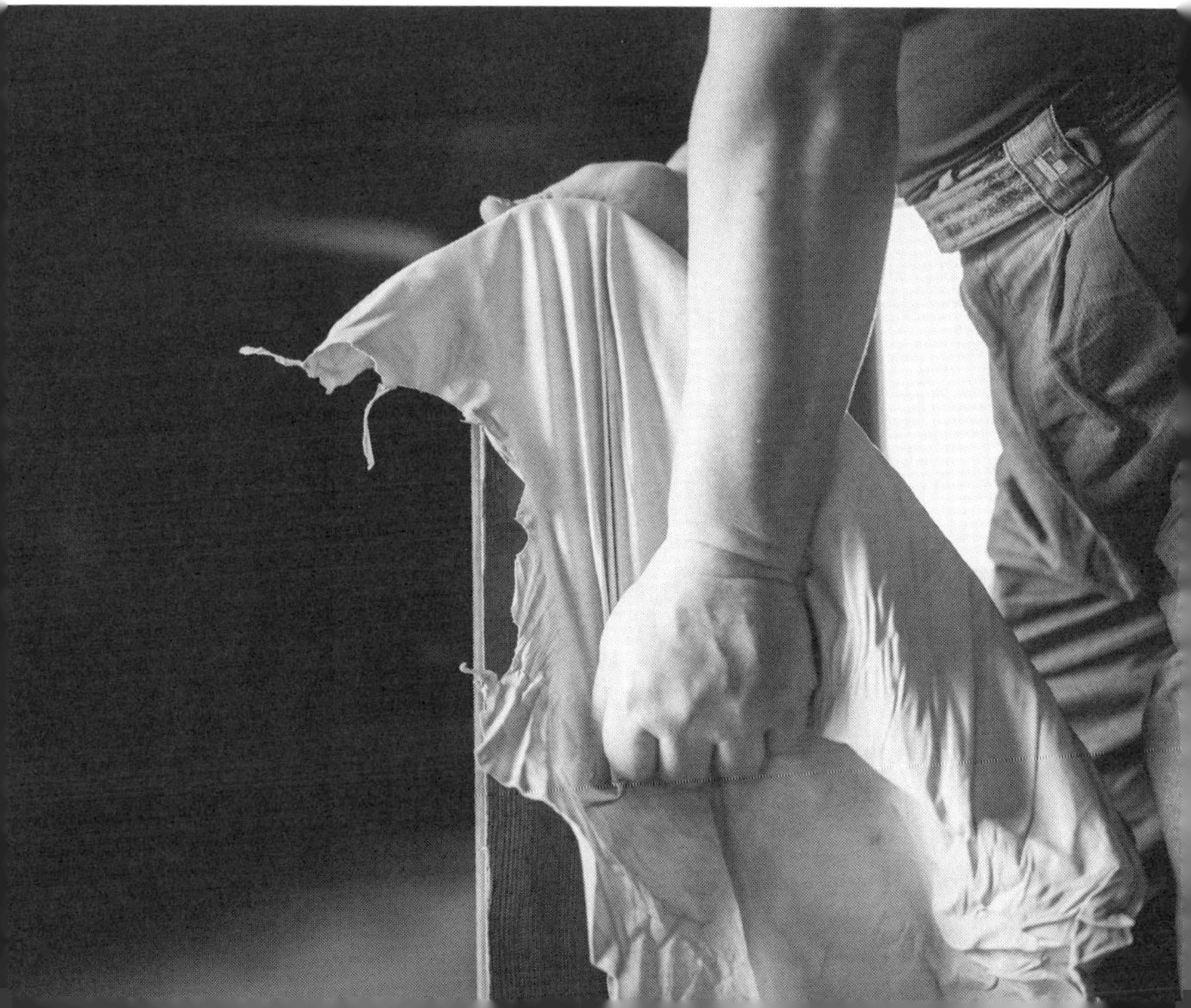

のま巻きつけてみる。ピンと張って巻けば、いい具合に馴染んで、自分の肌の一部のようになりそうだ。革は武具として発達してきた歴史もあるが、新田さんの言うようにその場その場でさまざまな用途があったにちがいない。

「道具にするだけじゃなくってな、姫路の白鞣しの皮革《かわ》は食べることもできたんやで。コラーゲンの塊やからな。砂糖と醤油で甘辛く煮たりして、やってみたらええで」

「え！　皮革《かわ》を食べるんですか。はじめて聞きました」

「この辺の人らはみんな知っとるし、昔はみんな食べとったよ。厚さ調整で削りカスが出るからな。あと、出来上がった革だって、食べようと思えば食べられる。戦争中なんかそういうことあったんちゃうかなあ。ここの人はとくに、皮革《ひかく》が食べられることを知っとるから」

そうか。皮を革にする人は、知っているんだ。革は皮で、動物の体の一部。それをおいしく安全に食べられるようにするのが料理で、丈夫でしなやかな道具にするのが皮革の技。その両者が完全に分離していない感覚が、この地域の人には当然のようにあったのだろう。

考えてみれば、私も皮にほど近い膜の部分をいつも食べているじゃないか。

肉と皮が元はひとつだったことを知っていれば、疑問に思うこともないのかもしれない。けれど、私のような部外者にとっては、獣を殺して解体して原皮を確保して、という工程をこの目で見てはじめてわかることでもあった。〝肉〟になる部分があり、〝革〟になる部分がある。

肉と皮はかならず同時に発生しているわけだ。

新田さんが語気を強めて言う。

「革にするために殺すということは絶対にない。ここにやってくる原皮は、ぜんぶ肉になった動物の毛皮や。命を無駄なく使うということや」

以前、山で解体してもらった獣肉を〝絶対おいしく〟してやろうの一念で料理したときの気持ちを、「贖罪なのか、ひとりよがりの弔いなのか」と書いた。もしかしたら、どこか通じるものがあるのかもしれない。

手にした以上は無駄にできない。それが、動物の命を奪う一方で、動物に心寄せる人間が持つ素直な心情ということなのか。

「この革、あなたにあげますよ」

私は差し出された鹿革を、ゆっくり受けとった。この革になるまでの背景に思いを馳せる。山で見たかわいい瞳をした鹿、殺されて解体されるようす、剝がされる毛皮、脱毛され、塩漬けにされた原皮、そして新田さんの手によって革《あらた》まっていくさま。私がこれまで目にしてきた風景が、頭の中で連なるように浮かび上がってきた。

「大切にします」

ありがたくて縮こまるように受け取った私に、新田さんは軽やかな口調でこう言った。

「白鞣しの革はな、いろんなふうに使えもするけど、要らなくなったら畑に撒いとけばええんやで。最後は土になるんや」

ハッとして顔を上げると、新田さんはいつもどおりの穏やかな笑顔。

「山で朽ちていく鹿と同じように、たどる道のりはちがっても最後は土に還れるんですね」

「そうや。小さい生き物たちに分解されて、最後は自然に還る」

一頭の獣がこの革に至るまでの背景と、この革の行く先とが、大きな環を描きながらつながっていくようだった。無性にうれしくて、泣きそうになった。

一度死んで、還ってくるもの

帰りの新幹線の中で考えていた。

馬の原皮の匂いを嗅いだとき、なぜ私は懐かしい気持ちになったのか――。

あの匂いは、山で朽ちていく鹿を見たときと同じ種類だった。いや、もちろん、馬の原皮は塩漬けされているから、臭いの強さはまったくちがう。それでも、栄養豊富な動物の死の匂いであることははっきり感じられた。

だから引っかかってしまう。山で「その場にとどまることを躊躇する腐臭」に恐れおののいたはずの私が、なぜ同じ種類の匂いに、こんどは懐かしい気持ちになったのか。もっといえば愛しむような感覚すらあった。なんなのだろう。ぼんやりと思うのは、私が変わったんじゃないかということだ。

〝穢れ〟についても考えていた。ここでいう〝穢れ〟は、支配社会や制度に組み込まれた「穢れ」になる以前のものと思ってもらいたい。単に悪しき汚きものとしてではなく、「穢」という漢字が「禾」と「歳」であらわされるように、大きな力を持ち、畏れる対象としてのケガレだ。私が山で感じたのも、腐っていく肉体や腐臭に対する嫌悪感だけではなかったから。

ただ、姫路で見てきたものの中に、恐れおののいてその場を立ち去りたくなるあの感覚や、畏れる何かを彷彿とさせるものはなかった。むしろ、まったくちがう感情が起こった。それはこういうことなのか。そもそも、今まで自分が撮ってきた出産や臨終や狩猟が〝穢れ〟と符合してしまっているのだから、私にはそれを感知できるセンサーはないのかも――。

〝穢れ〟らしきものは感じ取ることができなかったが、〝キヨメ〟については、今回その意味を実感した。もらった白鞣しをもう一度膝の上で広げてみる。動物の皮が、こんなふうになるなんて。これほど科学が発展した現代から見ても、いにしえから伝わるこの皮革の技術は仰ぎ見るほどの高みにあることがわかる。「昔は寒い冬でも、脚で踏んで揉んでを何度も何度もやってたはずや」という新田さんの話から目に浮かんでくるのは、河原でひたすらに獣の皮に向き合う昔の人の姿。それが新田さんの姿とも重なる。

「ひたすらに獣の皮に向き合う姿」から皮革の技術が生まれたとき、それは洗練された自然科学であったと同時に、宗教的・呪術的な文脈においては〝キヨメ〟という言葉であらわされるものだった。自然の理《ことわり》をあきらかにしながら発展してきた自然科学は、近代を通じて宗教から取って代わるように浸透していった。そういう意味では、出産の穢れも、死の穢れも、肉と皮革の穢れも、もう解体されてしまったのかもしれない。

〝穢れ〟は〝汚れ〟と結びついている。人が汚れと感じるものに病原体が含まれていることが多いのもたしかだ。生命の神秘的にも思える生理現象と〝汚れ〟を切り離せば、憑き物が落ちるように〝穢れ〟も消える。そういうことなのだろうか。

だとしたら、私が〝穢れ〟を認識できないのは、科学と清潔さを享受できる現代を生きているせいかもしれない。ただ、〝穢れ〟を感じられずとも〝キヨメ〟という言葉に、私はたしかにピンと感じるものがあった。

人間の女性もかつては霊力を持つ存在として神聖視され、のちに穢れの対象となった。

しかし、女性である私には霊感がまったくないうえに、霊的な体験も特段したことがない。小学生のとき女子の間で流行《はや》った「コックリさん」も、どこか醒めた心で参加していた。けれども、12歳ごろから月経がはじまり、あきらかな生物のリズムを体内に感じ、のちに出産も経験してみると、自然に対する感受性は女性のほうが男性より強い気もする。

低気圧時には生理痛が重くなるし、お産のときは海が満潮に向かうのに同調するように陣痛が進むことを、出産撮影で目の当たりにしてきた。

お腹の中で赤ちゃんが動くという体の内側の感触、獣のような叫び声をあげ体内から生み出す感覚、産前産後の自分ではないような急激な精神変化、仕事中でも赤ちゃんを思うだけで胸が張り母乳が出てくるという不思議、授乳中の性欲減退と月経停止という見事な摂理。そして、死をもともなう出産についても、なぜ人間だけがこんなに苦しんで産むのかなど、ふとしたときに思い出し、とりとめなく考えていた。私にとって出産は、一度死んで、また還ってくるような体験だったから。

これらのすべてを内包する女が〝穢れ〟と解釈されたのも、わからないではない。そうした女性特有の生理現象は人間もまた自然の一部だと思い出させるもので、自然科学の文脈で語られてもなお神秘的に思えるものなのだから。

美しい皮革も、生きた獣を解体する光景を見てきたからこそ、私にとっては神秘的だった。

神秘を実感することで、〝キヨメ〟という言葉が腑に落ちたのかもしれない。

コロナは現代の〝穢れ〟か

山で朽ちていく鹿を見たとき、何が怖かったのか、なぜ立ち去りたかったのか――。

今の私の拙《つたな》い感性で言いあらわすと、〝穢れ〟とは、やはり「死」に集約される、避けるべきつながりのことなんだろうと思う。出産も月経も、肉食も皮革も、やはり「死」のひと欠片《かけら》とみなされていたのではないだろうか。

死をもって生を知る。私たちには生まれたときの記憶がない。「死」は私たちが生を認識するための重要な輪郭の一部。自分以外の生き物の死から、自分自身の死を想像の上に発見した人間は、死に囚《とら》われながら生きている。

誕生する命から「死」を感じとっただろうし、腑《はらわた》さながらの胎盤や血液にも「死」を感じただろう。また、私がすでにそうであるように、獣を解体するときにも自身の死を想像したにちがいない。

とりわけ、皮革業は獣の体を〝死〟と〝分解（自然に還ること）〟の間に滞在させる技だ。死を掌《つかさど》り再生させる印象から、畏れられもしただろう。生の危うさを感じ、怖れ、どうにか死を遠ざけようとする心理が、〝穢れ〟という観念を浮かび上がらせたのではないだろうか。

博多に向かう新幹線の車内電光掲示板をふと見上げると、〝コロナ差別〟の文字が左に流れていった。コロナ感染者と接触している可能性があるという理由で医療従事者に矛先が向かい、その子どもたちが保育拒否を受けているというニュースだった。

私のよく知る保育士は「ありえない。同業者として怒りを感じる」と言っていた。医療者の子どもへの保育拒否は、保育士の「子どもを守りたい」という思いだけで生じたとは考えにくい。「子どもの命を絶対守らなければならない」「感染者を出すと迷惑がかかる」と思わせた社会的圧力もあったはずだ。それに怯えたごく一部の保育園が、クラスターを避けるべく「コロナに近いか遠いか」という先入観だけで職業を選り分けたとき、おのずと医療従事者を差別することにつながってしまったのだろう。

一方で、私たちはひとたびコロナに罹れば医療従事者に頼るしかない。そういう意味では、手を合わせ拝みたくもなるような存在だ。リスクを抱えながら医療にあたる医療従事者たちが、そんな複雑で特別な眼差しを注がれているという現実……。

新型コロナウイルスは、現代の穢れなのだろうか。感染者が発するSNSで「仕事再開に支障がないか不安」「子どもが学校でいじめられたらどうしよう」といった言葉を目にすると、ウイルス自体だけでなく、過去にウイルスと関わったという縁《えにし》まで強く忌避されていて、穢れと差別の関係とそっくりだなと思わずにいられない。

黒死病と呼ばれたペストが流行ったとき、ユダヤ人地区に感染者が少なかった。なぜか。彼らが毒を井戸に流したからだ――そんなデマを理由に、多くのユダヤ人が殺害された。関東大震災時の朝鮮人虐殺と同じ、痛ましい事件だ。真相は、ユダヤ教の衛生管理に関わる細かな戒律によって、それを守った人々が感染を免れたということらしい。〝汚れ〟を落とす習慣がペストを遠ざけたわけだ。

時代が進み、人はより衛生的に暮らせるようになり、汚れを落とすのも容易になった。穢れという概念自体は解体しつつあったはずだ。けれど、もしどんなに洗っても、清潔にしても感染してしまう病原体があるとしたら？　人と会話するだけで伝染するとしたら？

コロナはこれまでの病原体以上に人間への吸着力が強い。亡くなった人の遺体はビニールに覆われ、家族ですらまともに死に顔に会えないほどだ。これはきっと〝解体〟しづらい。キヨメ役の医療従事者がいても、その術となるワクチンや特効薬は一朝一夕に開発されないからだ。

いま私たちは、解体に時間がかかるこの穢れに怯えながら、知らず知らずに人の心を傷つけてしまう可能性がある。そのことを自覚しなくてはならない気がする。

長崎の自宅に戻ると、ちょうどおじさんが猟から帰ってきたところだった。

「調子はどう?」と声をかけると、「今日はかからんやった」という返事が、笑顔といっしょに返ってきた。ホームに戻ったなあとしみじみ思う。

「まだ肉残っとお?」とおじさん。

「う〜ん、あとちょっとかな」

「よかよか、じゃあ次かかったらやるけん」

いつもながら、ありがたい。

家に続く細い坂道を登り終えると、鶏たちが一斉にこちらへ飛び出してきた。私を迎えてくれたわけではない。一日1回の放し飼いのタイミングに鉢合わせたのだ。彼女たちは今日も旺盛に葉をついばみ、足で土を蹴り上げてミミズやら小さい虫を探している。人間の世界はコロナでこんなに一変したのに、彼女たちはそんなことなどつゆ知らぬ風情だ。

おじさんも変わらず隔日で猟に出ている。とくに捕獲数が減ったようすもないから、山の獣たちも変わらずに過ごしているのだろう。

コロナが人間にピンポイントにダメージをあたえていることを実感する。いや、哺乳類間で感染するわけだから、本当は山の生き物たちにだってリスクはあるはず。世界じゅうでパンデミックが起きるほど短時間に広範囲を動き回り、接触し合うのは人間ぐらいということなのだろう。ヒトの移動や物流は、地上を乱暴に掻き回しているようなものなのかもしれない。

匂いが由来するものを知る

こないだおじさんからもらった猪肉は若いオスだった。後ろ脚の大きさから見て、成獣になる直前という印象。大きなまな板の上に乗せ、まず鼻を近づけて匂いを嗅ぐ。匂いはどう料理するかの判断材料になる。

考えてみれば、私はよく匂いを嗅ぐようになった気がする。ペットを飼ったことがなかったので、それまでは生き物の臭いに敏感だった。正直にいえば、快く思っていなかった。けれど、今は庭に鶏がいて、おじさんと山に入っても匂いを嗅ぐし、中村さんの家はすでに犬や猿の匂いで充満している。結果、まったく違和感を感じなくなった。匂いの由来がわかっているからかもしれない。

そもそも、遠ざけようとする嫌な臭いというのは、人間にとって生命に関わる危険のサインだ。でも、危険ではないとわかれば、たとえ同じ匂いでも受け取り方がちがってくる。たとえ芳香じゃなくても、好きな人の匂いは嗅ぎたくなったりするように。

産後撮影で赤ちゃんのいるお家を訪問したとき、かならずと言っていいほど目にする光景がある。親は子を抱きつつ、ごく自然な仕草で子の頭の匂いを嗅ぐのだ。それを指摘すると、「無意識に嗅いじゃう」「この汗臭さが落ち着くんです」といった言葉が返ってくる。同じように、子どもも母親に「おかあさんのにおい、すき」と言ったりする。

これを象徴する童謡に『おかあさん』という歌がある。

おかあさん　なあに
おかあさんて　いいにおい
せんたく　していた　においでしょ
しゃぼんの　あわの　においでしょ

（2番末尾）
おりょうり　していた　においでしょ

たまごやきの　においでしょ

母親の匂い＝卵焼きや石けんの匂いということではない。卵焼きや石けんのようにいい匂い、という意味のはずだ。鼻孔に吸い込んだ匂い物質そのものよりも、その由来するものに対する感情が匂いの好き嫌いに影響する。

あの馬の原皮の匂いを嗅いで懐かしい気持ちになったのも、同じような理由かもしれない。動物だったという由来がわかり、革になるという〝先〟を感じられたから、たとえそれが強い臭気を放っていたとしても、もう私にとっては忌避すべき匂いじゃない。

「懐かしい」の語源は「懐《なつ》く」で、「慣れ親しみたい」「身近に置いておきたい」という感情表現だったというから、あながち間違っていないと思う。あのとき私は、愛着のようなものを感じたわけだから。

食べるためや、理由があって殺された動物の皮を大切に扱う心理。今はわかる。

モンゴルを舞台にした民話で赤羽末吉《あかばすえきち》が描いた絵本『スーホの白い馬』（大好きだった白馬が殺されて悲しむスーホが、夢に現れた白馬から「私の体を使って楽器をつくれば、ずっとそばにいられます」と言われ夢中になって馬琴頭をつくる話）は前から好きだったけれど、今ではより深く胸に響くようになった。

おじさんからもらった肉は、2週間で半分ほどを食べ終えた。焼肉とシチュー、ヒレカツにした。私が忙しかった日には夫がミートローフをつくってくれた。今日は脚の骨と腱を煮込んで、トロトロのスジカレーをつくろうかなと思っている。

もう何頭食べたかわからないほど、獣を食べてきた。そもそもスーパーの肉ばかりを食べていたときには、〝何頭〟などと思ったことは一度もなかった。山の獣の肉を食べるようになってはじめて、1頭や1匹（＝1命）と認識するようになった。しかも、どんなに食べても消え去らない〝1頭〟が積み重なっていくような感覚があった。食べてきた時間が、生きてきた時間だった。

仕事もままならない状況で引っ越してきて9年。長崎で生まれた末っ子はもう小学生だし、小さかった次男も成人男性の体格に近づいてきた。長男にいたっては頻繁に家出するほど盛大な思春期を迎えている。おじさんと獣たちには感謝しかない。

ここまでは生きてこられた。さて、ここからも生きていけるだろうか。

コロナ禍にあって、世の中が未曾有の混乱に陥っているなか、わが家だって例外じゃない。子どものこと、生活のこと、仕事のこと。これからどうすればいいのかわからないことだらけ。そんなモヤモヤの中にいることにも疲れてきた。

いっそのこと、はっきりわかっている大事なことだけに目を向けてみよう。

はっきりわかっている大事なことは、明日も生きるなら、まずは食べるしかないということ。考えてみれば、山の獣はじめあらゆる生き物はそうやって生きている。うちのコッコも、食べて、排泄して、産卵、以上。そんな暮らしぶりだ。大事なことから順番に考えるとスッキリする。スッキリした頭で考えていきたい。

そろそろスジカレーの仕込みをはじめるとするか。

おわりに

山で獣たちが死んでいくところを見ながらくり返し思ったのは、

〝命はこの肉体だけに宿っているんだ〟

ということだった。

猛々しくいないていた猪が心臓を突かれ、一瞬で声を失い、ドサリと倒れたとき、肉体は目の前にまだあるのに、あの怒りに駆られた猪の精神のようなものはどこかへ行ってしまった。〝魂が抜けた〟という表現に値するその光景は圧倒的な現実を見せてくれたけれど、それでもなお信じがたいという感覚が拭えなかった。

襲いかかるような激しい動きといななき、そしてあの怒りに燃えた目に、人間に似た感情が宿っていることをハッキリ感じた。だから、まるで電源の切れたパソコンみたいに、その豊かなものが一瞬にして消えたというのが信じられなかった。

宇宙や異次元にまで広がる人間の想像力や、いくつもの喜びや悲しみで織りなされた心が、小さな肉体の活動停止とともに、一瞬にして消えてしまう。彼らと同じ動物であるひとりの物思う人間として、そのことを考えずにはいられなくなる。

その一方で、〝死〟は終わりではないと思うようになった。

獣の肉体は、無数の生き物の総称とも言うべき山によって共食されていた。強い腐臭の中で蛆虫にたかられている獣の肉体と、すっかり食べ尽くされ木陰に転がる肋骨や頭蓋骨。命が余すところなく見事に循環しているこうした風景もまた、ひとつの圧倒的な現実だった。

〝死〟はかならず〝生〟をあたえる。まるで終わりがない。

それともうひとつ。生きていた獣の存在が自分の中でそう簡単には消えないことを実感した。料理しながらその獣を思い出し、一頭一頭を積み重ねるように食べてきた。こんなふうに命と食を記憶できるのは人間だけかもしれない。肉の由来を知ることで、私の料理は変わった。生きていた獣が私の中にまだ居て、影響をあたえていた。

山の世界と人の世界を往来していると、否応なく両者を比べるようにもなった。おそらく、登山者やアウトドアを趣味にする人にも似たような感覚があるのではと思う。命が完全に循環するゴミ・ゼロの山の世界と、毎日発生する大量の生産物と廃棄物が環境を破壊していく人間界。おのずと後者が歪んで見えてきてしまう。同じ生き物、同じ動物、同じ哺乳類なのに、人間だけがおかしいのだろうか。

人間が進化の中で獲得したものとは何だろう。それが、チャールズ・ダーウィンの言う弱者に対して感じる同情や、他人に対してのみならず、人間以外の生物に対しても適応される慈愛の感情だったとしたら、山で子鹿を逃してやったおじさんの行動も、動物が友達のように描かれる絵本の多さにも説明がつきそうだ。

人間の社会的本能が、隣にいる人や生物を慈しむようにうながしているわけだ。

宮崎駿監督作品『もののけ姫』で、自然を破壊して山の生き物たちに敵視されつつも、製鉄や武器で力を持ち、不条理な人間界で困窮する人々を救わずにはいられないエボシの姿は、人間性そのものが描かれているのだと感じる。

自然という母の胎内で進化してきたはずなのに、その母体をも破壊するように進化してしまった人間の性《さが》。それは私のようなごく普通のお母さんにだって、いろんな意味で興味の的だ。なぜなら、目の前に子どもがいるからだ。子どもは人間という生き物のありようを、よりクリアに見せてくれる。これほど心惹かれる存在はない。そして何より、自分より長く生きるであろう子の未来を思えば、無関心ではいられない。

ただ、新型コロナウイルスの感染拡大が収まる気配を見せない今日は、少し先の未来も見えない状況だ。この本が書店に並んだ1カ月先のことすら想像がつかない。そんななかでこの原稿を書いている。今後数カ月のあいだに何か特別な策が講じられ、一気に封じ込めに成功する可能性もゼロではないけれど、5年経っても真夏にマスクをする生活を続けているかもしれない。そもそも、新型コロナウイルスで亡くなっている人が世界じゅうにいることを思うと、私はそのとき生きているのだろうか？　と不安は尽きない。

けれど、生きていくためには食べるしかない。今日も明日もあさっても。

それだけは変わらない。

ふたたび家族以外の人と楽しく食事できる日がきたら、お酒を酌《く》みかわせる日がきたら、またじっくり共食を味わいたいと思う。コロナ禍によって、共に食べて、共に生きていくことが、とても特別で幸せなことだったと深く痛感させられたから。

考えてみれば、あたらしい発見なんて何ひとつなかった。この数年間で私が新たに知ったことは、世の中では既知とされていることばかり。「人間は、生き物を殺して食べている」という、たった一行で終わるようなことにすぎなかった。

それでも、家族とともに感じとってきたことは、私にとって生きる道しるべになった気がする。これはそんな体験を書いた小さな一冊にすぎないけれど、読む人の中でそれぞれに広がっていってもらえたらと願う。

＊

「写真のように残しておきたい」そんな曖昧な気持ちで、以前から知り合いだった編集者の高尾さんに写真を見せたのは、3年ほど前のことでした。それが企画になって、亜紀書房ウェブマガジン「あき地」の連載がスタートして、そのあいだにも私の目の前ではあたらしいことがどんどん展開。次々と目の前に立ちあらわれてくる風景や自分の感情を、いつしか必死につかみとるように書いていました。時が経てばこの鮮やかさは消え、色褪《あ》せてしまう——そう焦りながら。

力不足で書ききれなかったこともたくさんありますが、多くの方にお力添えをいただき、なんとか脱稿することができました。とてもありがたく思っています。

長崎に越したわが家の生活をガラリと変えた猟師のおじさん。とんでもなく面白い世界の入り口に連れていってくださったのは、間違いなくおじさんでした。また、佐賀の動物使いの中村さんとみゆきさんには、動物と生きることで、人間中心ではない、一歩外から見えてくる世界を教えていただきました。そして、姫路白鞣しの新田さんには、想像もしていなかった時空を超えた皮革の景色を見せていただきました。生まれ育った故郷を新たな目で見る機会を得られたことも幸いでした。魅力的な人、土地、そして山で死んでいった獣たちが私に書かせてくれた本。感謝の気持ちでいっぱいです。

最後になりましたが、企画から連載、書籍化までの長きにわたり、亜紀書房編集部の高尾さんには言い尽くせないほどお世話になりました。どんなものになるのか、どこに転がっていくのかわからない行き先不明の道を、いつも適切な助言をくださりながら最後まで伴走してくださったこと、心から感謝しています。

そして、いつも私に豊かな感情をあたえてくれるわが家族にも、心からありがとう。

2020年8月15日　長崎の自宅にて

繁延あづさ

本書は、亜紀書房ウェブマガジン「あき地」で連載された原稿（２０１９年６月20日～20年６月17日）を再構成し、新規書き下ろしを加えたものです。

繁延あづさ Azusa Shigenobu

写真家。兵庫県姫路市生まれ。桑沢デザイン研究所卒。2011年に東京・中野から長崎県長崎市へ引っ越し、夫、3人の子ども（中3の長男、中1の次男、6歳の娘）と暮らす。雑誌や広告で活躍するかたわら、ライフワークである出産や狩猟に関わる撮影や原稿執筆に取り組んでいる。主な著書に『うまれるものがたり』『長崎と天草の教会を旅して』（共にマイナビ出版）など。現在「母の友」および「kodomoe」で連載中。

http://adublog.exblog.jp/

皮肉獣山 と と と

2020年10月 2 日　第1版第1刷　発行
2021年 1 月18日　第1版第2刷　発行

著　者　繁延あづさ

発行所　株式会社亜紀書房
〒101-0051
東京都千代田区神田神保町 1-32
電話　(03) 5280-0261
http://www.akishobo.com
振替　00100-9-144037

印　刷　株式会社トライ
http://www.try-sky.com

装　丁　セキネシンイチ制作室

ISBN978-4-7505-1664-6